植物王国探奇

花的海洋

谢宇 主编

花山文艺出版社
河北·石家庄

图书在版编目（CIP）数据

花的海洋 / 谢宇主编. -- 石家庄 : 花山文艺出版社, 2013.6（2022.2重印）

（植物王国探奇）

ISBN 978-7-5511-1096-9

Ⅰ. ①花… Ⅱ. ①谢… Ⅲ. ①花卉－观赏园艺－青年读物②花卉－观赏园艺－少年读物 Ⅳ. ①S68-49

中国版本图书馆CIP数据核字(2013)第128562号

丛 书 名：植物王国探奇
书　　名：花的海洋
主　　编：谢　宇

责任编辑：贺　进
封面设计：慧敏书装
美术编辑：胡彤亮
出版发行：花山文艺出版社（邮政编码：050061）
（河北省石家庄市友谊北大街 330号）
销售热线：0311-88643221
传　　真：0311-88643234
印　　刷：北京一鑫印务有限责任公司
经　　销：新华书店
开　　本：880×1230　1/16
印　　张：12
字　　数：170千字
版　　次：2013年7月第1版
2022年2月第2次印刷
书　　号：ISBN 978-7-5511-1096-9
定　　价：38.00元

编委会名单

前 言

植物是生命的主要形态之一，已经在地球上存在了25亿年。现今地球上已知的植物种类约有40万种。植物每天都在旺盛地生长着，从发芽、开花到结果，它们都在装点着五彩缤纷的世界。而花园、森林、草原都是它们手拉手、齐心协力画出的美景。不管是冰天雪地的南极，干旱少雨的沙漠，还是浩渺无边的海洋、炽热无比的火山口，它们都能奇迹般地生长、繁育，把世界塑造得多姿多彩。

但是，你知道吗？植物也会“思考”，植物也有属于自己王国的“语言”，它们也有自己的“族谱”。它们有的是人类的朋友，有的却会给人类的健康甚至生命造成威胁。《植物王国探奇》丛书分为《观赏植物世界》《奇异植物世界》《花的海洋》《瓜果植物世界》《走进环境植物》《植物的谜团》《走进药用植物》《药用植物的攻效》等8本。书中介绍不同植物的不同特点及其对人类的作用，比如，为什么花朵的颜色、结构都各不相同？观赏植物对人类的生活环境都有哪些影响？不同的瓜果各自都富含哪些营养成分以及对人体分别都有哪些作用？……还有关于植物世界的神奇现象与植物自身的神奇本领，比如，植物是怎样来捕食动物的？为什么小草会跳舞？植物也长有眼睛吗？真的有食人花吗？……这些问题，我们都将一一为您解答。为了让青少年朋友们对植物王国的相关知识有进一步的了解，我们对书中的文字以及图片都做了精心的筛选，对选取的每一种植物的形态、特征、功效以及作用都做了详细的介绍。这样，我们不仅能更加近距离地感受植物的美丽、智慧，还能更加深刻地感受植物的神奇与魔力。打开书本，你将会看到一个奇妙的植物世界。

本丛书融科学性、知识性和趣味性于一体，不仅可以使读者学到更多知识，而且还可以使他们更加热爱科学，从而激励他们在科学的道路上不断前进，不断探索。同时，书中还设置了许多内容新颖的小栏目，不仅能培养青少年的学习兴趣，还能开阔他们的视野，对知识量的扩充也是极为有益的。

本书编委会

2013年4月

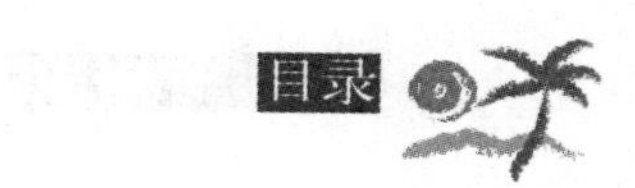

目 录

花的世界

中国花文化

中国传统十大名花

木本花卉

草本花卉

多肉类花卉

花的故事

国花拾趣

花的世界

花的定义

花，是美的象征。各种植物的花姹紫嫣红、争奇斗艳，十分美丽。花装点着我们的生活，陶冶着我们的情操，使我们的生活变得更加丰富多彩。对于花，我们都不陌生，但是你真的了解它吗？你知道“真正的花”是什么样子的吗？让我们一起来徜徉在这个美丽的花的世界吧。

什么是花呢？虽然植物世界有成千上万种不同的花，它们的大小、颜色和形态也各不相同，但所有的花基本结构都是大致相同的。一朵完整的花包括六个基本部分，即花柄、花托、花萼、花冠、雄蕊群和雌蕊群。其中花柄与花托相当于枝的部分，其余四个部分相当于枝上的变态叶，通常合称为“花部”。一朵四部俱全的花称为“完全花”，缺少其中任何一部分的则称为“不完全花”。花柄对花起支撑作用，是输送营养物质的重要通道。花托上面的花萼由若干萼片组成，具有保护幼蕾和幼果的作用，并能进行光合作用，为子房发育提供营养物质。花冠由若干花瓣组成，位于花萼内轮。花冠的色彩与芳香能吸引昆虫传粉，雄蕊群和雌蕊群就长在花冠里面。雄蕊顶端膨大的部位叫“花药”，花药里生有花粉，花药下细长的部位叫“花丝”；雌蕊顶部稍膨大的部位叫“柱头”，中间细长的部位叫“花柱”，下面粗大的部位叫“子房”，子房里生有胚珠。雄蕊大多都长在雌蕊周围，而雌蕊只有1枚，一般长在花的中间部位。雄蕊部分的花粉在花开放到成熟阶段时会落在雌蕊部分的柱头上，形成受精。这样，雌蕊的子房就逐渐发育成果实，子房里的胚珠就变成种子。花的各部分在长期的进化过程中，产生了各种各样的适应性变异，因此形成了各种各样的类型。

花是植物性别的特征，有单性花和两性花之分。单性花也称为“雄花”或“雌花”，是指一朵花里只有雄蕊或雌蕊。两性花是指一朵花里既有雄蕊，又有雌蕊。但不管是单性花还是两性花，如果要结成果实，都必须经过两性之间的传粉受精。

花儿传粉受精的过程十分微妙有趣，在显微镜下可以观察到这样的现象：雌蕊成熟时，顶端的柱头会分泌出一种黏液，落到柱头上的雄蕊花粉会受到这种黏液的刺激生出细细的花粉管。花粉管会渐渐穿入柱头，伸入到雌蕊子房的胚珠部位，然后从中移动出两个精子，精子最终会与胚珠里的卵细胞和极核相融合，这样就完成了整个受精过程。花受精后便结成果实，孕育种子，在完成整个生命过程以后，就凋谢了。而种子又会萌发成新的个体，就这样繁衍不息。

因此，花不仅仅能给人以愉悦的享受，它还是延续植物生命的源泉，是植物世界不断演变和进化的重要途径。

花的分类

花的形态各异，种类繁多。为了能更好地认识花卉，人们按照它们不同的形态特征和生长习性，将其分为草本花卉、木本花卉、多肉类花卉、水生花卉和草坪植物5种类型。

草本花卉

草本花卉的花开在草茎上。这种花卉的茎和枝都比较柔软，而且茎是草质

的。根据草本花卉生长周期的不同，可将其分为3种：1年生草本花卉、2年生草本花卉和多年生草本花卉。一串红、鸡冠花、百日草、半支莲、雁来红和紫茉莉等，可以在1年的时间内完成生长、开花、结果和衰败这一整个生命过程，属于1年生草本花卉；三色堇、石竹、金盏菊、金鱼草、荷包花和美女樱等，由于多在秋季播种，到第二年的春夏开花、结果，然后衰败，完成整个生命过程需要2年，属于2年生草本花卉；茎和根都是多年生的花卉为多年生草本花卉，其中包括宿根花卉和根茎为球状的花卉，如菊花、芍药、玉簪、非洲菊等。花卉的枝叶每年都要更新，而万年青、兰花、吊兰和文竹等花卉的地上部分四季常青，地下茎和根呈球形或者是块状，它们的茎和根可以贮藏起来，到第二年栽种。

多年生草本花卉按根茎的不同，又可分为鳞茎类、球茎类、块茎类、根茎类和块根类5类。郁金香、水仙、百合、晚香玉、风信子和朱顶红等属于鳞茎类花卉；番红花、小苍兰、唐菖蒲等属于球茎类花卉；马蹄莲、花叶芋、球根秋海棠和大岩桐等属于块茎类花卉；荷花、睡莲、美人蕉和姜花等属于根茎类花卉；大丽花、花毛茛属于块根类花卉。

木本花卉

顾名思义，木本花卉是开在树上的花。木本花卉的茎和枝都比较坚硬，而且茎是木质的。按照树干和树冠的大小不同，可将其分为乔木、灌木和藤本3类。梅花、桃花、樱花和白玉兰等花卉的茎比较高大挺拔，属于乔木类；月季、牡丹、腊梅、石竹和杜鹃等花卉的植株比较低矮，有丛生的枝条，属于灌木类；凌霄、紫藤、金银花、木香等花卉常常依附于他物攀缘生长，属于藤本类。

多肉类花卉

多肉类花卉的叶片较小，茎叶比较肥厚，有的叶片甚至退化成针刺状或羽毛状。仙人掌科的昙花、蟹爪兰花和令箭荷花等都是比较常见的多肉类花卉。龙舌兰、虎尾兰等龙舌兰科的花卉和吊金钱、大花犀角等萝藦科的花卉，还有凤梨科的小雀舌兰等也属于多肉类花卉。

水生类花卉

水生类花卉可以不依赖泥土而成活，它们终年生长在水中，一般是多年生植物。睡莲、荷花和唐菖蒲等是我们比较常见的水生类花卉。另外，沼泽地也是水生类花卉生长的乐园。

草坪植物

草坪植物常用于环保方面，属于多年生植物。根据草坪类植物的形态特点，可将其分为茎叶比较宽粗的宽叶类和茎叶比较纤细的狭叶类两种。结缕草是比较常见的宽叶类草坪植物；野牛草、红顶草和早熟禾等是比较常见的狭叶类草坪植物。

小知识

认识花的种类，一般要从认识植物的“科”这一基本常识开始。各种花卉都分属不同的科。比如牡丹和芍药都属于芍药科，十分相似，但牡丹是木本，芍药是草本。菊科的菊花和向日葵在各方面差别都很大，但它们都具有菊科植物共同点：花瓣“多瓣、细长、轮生”。

植物的分类也不是一成不变的，因为它们在进化过程中，可能随时都在变异。因此即便是专家，有时也得查一查资料才能识别出它的亲本呢！

花的色彩

大自然中存在着多种多样的植物，这些植物的花也是千姿百态、万紫千红的。它们以自己斑斓的色彩点缀着如诗如画的大自然，也使我们的生活变得更加五彩缤纷。花靠着艳丽的色彩和特殊的气味吸引着人们的关注。色彩首当其冲，给人以最直接、最强烈的美感，让人难忘。花的色彩是花卉美的重要组成部分，热情似火的玫瑰、金黄灿烂的菊花、清丽洁白的兰花……

这些丰富的色彩是如何形成的呢？哪些因素影响着花的颜色呢？

我们知道，植物体是由植物细胞组成的。花作为植物体的一部分，也是由这种植物细胞组成的。花瓣看起来透明、娇嫩、鲜亮，就是细胞质里液泡在起作用。细胞液中都含有水溶性的植物色素花青素和不溶于水的类胡萝卜素、类黄酮这3种色素。这些色素与叶绿体内的葡萄糖融合后，会转变为糖苷。细胞液中的酸碱度则会令糖苷呈现出不同的颜色，从而使植物开出不同颜色的花。如花青素在酸性条件下呈红色，中性条件下呈紫色，碱性条件下呈蓝色。另外，糖苷在不同光照条件下会呈现不同的结构，从而产生不同的颜色。

花朵艳丽多彩，是由于液泡里3种色素的比重不同。这3种色素在不同的自然条件下，会调配出不同的比例，并互相作用，组合出花朵五彩缤纷的颜色。我们还经常能够看见白色或黑色的花朵，它们的颜色又是如何形成的呢？花瓣是由海绵状的细胞构成的，在这些细胞间的缝隙中，有许多细小透明的气泡，白色的花就是由这些微小的气泡组成的。黑色的花则可能是由于花瓣中窄长的细胞壁挤在一起，相互遮挡了光源，使色素处在黑暗的阴影中，从而显现出黑紫色、黑蓝色等颜色的花朵。

花的气味

春天，百花盛开。各种颜色的花卉不仅能给人以视觉上的享受，那不经意间飘来的阵阵芳香也常常使人沉醉其中。馥郁的花香使人精神兴奋，心情豁然开朗，并得到全身心的畅快感。这就是花香给人带来的美好感受。

花的香气也可分为许多种类型：醇香、馨香、芳香、幽香、雅香、清香、浓香……不同的花，香味也是不尽相同的。如桂花、米兰、玫瑰等为醇香型；丁香、槐花为馨香型；牡丹、月季为芳香型；兰花、玉兰为幽香型；栀子、茉莉为雅香型；梅花、菊花为清香型；腊梅、含笑为浓香型等。这些浓淡不等的花香能带给人不同的感受。

小知识

各种不同的花香不仅能带给人精神上的愉悦，并且还有其他奇妙的作用。不同的花香气味可以影响人的思维，有的能治病，有的则会诱发疾病。水仙和荷花的香味，使人感到温顺缠绵；紫罗兰和玫瑰的香味，给人以爽朗、愉快的感觉；橘子和柠檬的清香，使人兴奋，积极向上；茉莉、丁香的馨香味能使人沉静，丁香还具有祛风、散寒、理气和开窍醒脑的作用；百合花和兰花，会使人过于激动，甚至产生晕眩和瞬时迟钝之感。

菊花及薄荷的香味是儿童最喜欢的味道。这种香味能使儿童思维清新，动作敏捷，反应灵活，有利于智力发育。

当然，也有的花卉释放出的并不是芳香的气味。在热带的原始森林里，有一种巨大的莱佛西亚花，它15个月才开一次花，每次绽放7天。此花释放出的气体就像腐烂已久的东西散发出的异味，令人难以忍受。

无论是香味还是异味，花儿散发的气体都能对动物和昆虫起到诱惑或驱逐的作用。香气会吸引昆虫前来为其传播花粉，异味则可使一些意图伤害它们的动物或昆虫敬而远之。

鲜花绽放的时候，花蕊的花药和雌蕊的分泌液会释放出迷人的芳香气体。蜜蜂正是凭借花的香气而寻觅到美丽的花朵，为其传粉并采集花蜜。人类对花香的运用也十分广泛，将植物的精华采集起来作为香料。香水就是由这种香料中提取的香精制作而成。用花瓣制作出的糕点也十分香甜可口。

花与人类文明

6 500万年前的白垩纪时代，人类从哺乳动物中分化出来，开始站立起来，迈开双脚走路。在这一时期，大陆被海洋分开，地球变得温暖、干旱，动植物都已进化到了繁盛时期。被子植物从裸子植物中分化出来，在中生代进化和分化，对整体植被产生了巨大的影响。植物界一派生机，到处都郁郁葱葱的，开花植物也首次在地球上出现。就这样，几乎在一夜之间，盛开的花朵覆盖了大地。刹那间，白、黄、粉、红、紫、蓝等缤纷的色彩取代了原来单一的绿色，将地球装点得格外美丽。这就是“被子植物突然在白垩纪大量出现，真正的花占据了植物界”的一幕。

然而，这一兴旺的生态系统被200万年前的新生代第四纪冰川所打乱。地球又开始变得寒冷，全球有1/3的大陆被冰雪覆盖，人类和动物都经受了严峻的考验，许多植物在这一时期灭绝。为了继续生存，植物界开始了大迁徙。南半球保持了热带风光，而北半球的大部分树木都脱水落叶，草本植物则把种子埋进土壤，进入冬眠状态。植物顽强地同严酷的环境做斗争，甚至还有许多草本植物在这样困难的处境中开花了，花生成了子房，以保护种子成熟，结成果实，为繁衍下一代和被子植物的继续演变打下了基础。花朵的自我保护系统也更加完善了。

远古人类心目中的花

当花在地球上出现的时候，人类感觉十分新奇。人们被那千姿百态、姹紫嫣红的鲜花所吸引，将那些鲜亮的、艳丽的、浓郁的花朵采摘下来，当作战利品，他们围着这些战利品兴高采烈地欢呼着、舞蹈着。美丽的鲜花被人们制成了各种不同的装饰品，有的系在身上，有的挂在脖子上，装饰着身上的树叶和兽皮。花朵迷人的香气也沾染到了人们的身上，夜幕降临之时，男人和女人被彼此身上的花香所吸引，在这迷人香气中相拥而眠。

人类初始，花在人的心目中是神秘莫测的，是不可知的神圣的物质，被视为神的恩赐。它那幽馨的香气，甘甜的蜜汁，天然地引诱着人类的食欲，带给人类欢乐和营养，给他们以无形的享受。人们把鲜花当作神灵采集起来供奉，如向日葵等花就被当作太阳神来膜拜。红色的花朵则被看作血液的源泉，用来补充身体。还有些人因不小心误食有毒植物花卉而浮肿或死亡时，会被当作是神对他的惩罚。

人类社会的灵魂——花

自从人类社会有文化记载以来，花似乎就被当成植物的代名词。其实，花只不过是植物生命过程中停留时间极其短暂的一位过客。然而，它却是人类社会不可缺少的一个组成部分，其地位随着人类社会的不断发展在提高，人们都喜欢用花将自己的生活装饰得更加美好。它从精神到物质渗透到了人类社会的各个领域，主宰着国家、民族、宗教、文化、政治、经济的内涵和外延。在现代社会，人们的社会环境、人文习俗以至衣食住行，到处都有花的位置。

我们知道，每个国家都有自己的国花。和国徽、国旗和国歌一样，国花也代表了一个国家的政治地位和尊严，它集中了一个国家大多数民族的精神状态和风俗，甚至反映出一个国家的历史文化水平。在亚洲，中国的花文化源远流长。历史上，

雍容华贵、国色天香的牡丹就是中国的国花，它代表了强大富饶的中国。如今，经人大常委会提案，坚韧不拔、百折不挠的梅花与牡丹同被列为中国的国花，它们象征着中华民族坚强的意志和自强不息的精神品质，具有极大的感染力和推动力。日本的国花是浪漫美丽的樱花，它代表了爱情与希望，整个日本列岛都布满了樱花。明媚动人的樱花是日本民族的骄傲，在很多日本人民的心中它是勤劳、勇敢和智慧的象征。在欧洲，俄罗斯的国花是象征光明的向日葵，因为俄罗斯民族向往光明，厌恶黑暗，痛恨残暴，向日葵代表了追求幸福、希望和自由的人们。鸢尾俗称金百合花，是法国的国花，其花外形如展翅飞翔的白鸽，象征着“圣灵”和纯洁，也代表了法兰西王权。荷兰的国花是代表胜利和美好的郁金香，荷兰是农业园艺大国，全国都在种植郁金香，它是国家重要的创汇产业，在世界都属一流。在美洲，美国的国花是美丽芬芳的玫瑰，它代表了热情奔放、热爱自由的美国人民。墨西哥素有“仙人掌之国”的称号，仙人掌是墨西哥的国花。相传仙人掌是神赐予墨西哥人的，它能在极其恶劣的环境中生存，有“沙漠英雄花”的美誉，仙人掌是坚强、勇敢的墨西哥人民的象征。

在宗教界，花也具有神圣的地位。一个典型的代表就是莲花在佛教中的地位。我们都知道，莲花代表佛教。相传佛祖释迦牟尼是天上的菩萨下凡，降生人间。他的生母摩耶夫人在怀孕之前，预感祥瑞之灵，听到百鸟在宫顶和鸣，看见四季花木同时开放，巨大的莲花在池中盛开。使其觉得有白象入胎，后来便生下释迦牟尼。莲花出淤泥而不染，象征圣洁，释迦牟尼的座驾就是一尊莲花。

在希腊神话中，传说美神维纳斯从贝壳中诞生的时候，满天都飘散着白色的玫瑰花。后来，她的爱人阿多尼斯被野兽咬死。她十分伤心，在跑

去看爱人的途中被玫瑰花刺扎伤双脚，鲜血流到白色的玫瑰上，白色的玫瑰就被染成了红色。从此以后，西方人便视红玫瑰为爱情的象征，在情人节的时候，人们都送红玫瑰给爱人来表达心中的爱意。

传说希腊神话中的花神芙洛拉，有着十分美妙迷人的身姿，令男性可望而不可即。男人们都会为她的一颦一笑而神魂颠倒，只要想想花神的形体，即可满足一生对美的奢望。这说明了在人们的心中，花是多么地迷人。在中外的文化名著中，很多都能见到将花描绘成神仙的故事。在我国的神话传说《聊斋》中有一个脍炙人口的故事：牡丹仙子"葛巾"是牡丹名品"魏紫"的化身，"玉版"是"玉版白"的化身，她们和洛阳花癖常大用和常大器兄弟互相爱慕并终成眷属。

花在人类的文化历史中留下了读不尽的华章。在距今已有1 600多年历史的六朝时代的《南史》记载：现代的插花艺术来源于借花献佛的宗教传说。说是"有人献莲花供佛，僧人便以铜缶盛水，以保持其华丽不枯"。后来，人们就常常将鲜花插在佛案上供奉，再后来演变成插鲜花加装饰物，还制成干花加上香料等，陈列于庭室。

生活中，人们对花的需求越来越高，人们的生活用品中也逐步出现大量与花有关的图案。在餐具、家具、服饰、车辆、建筑以及钱币等与人类生活有关的物体上，都能见到各种花卉的身影。牡丹、菊花、荷花、月季等被子植物的花朵最为常见，葡萄、石榴、佛手等果实的图案也能经常看见。人类对花的描摹历史十分悠久，在距今3 000多年前的浙江余姚河姆渡文化遗址出土的陶片上，竟然有谷物植物的图案。

花在现代社会更是得到了淋漓尽致的应用，已经成为经济活动的主要产业之一。我们常用的化妆品的主要工业原料，就是从各种花卉中提取的香料。花可以用来美化城市和装点居住环境。在国际交往、会议交流中，互赠鲜花更是一种不可少的礼仪。人文习俗、婚丧嫁娶也要用花来装点，甚至两个人的情感也需要用花来表达。花在一定意义上代表了国家的国格、礼仪的风格和个人的人格。因此，花在政治领域代表最为高尚的地位；在经济领域代表最为昂贵的商品；在艺术领域则代表最为典型的形象。总之，花是人类社会文明的象征，是人类社会的灵魂，是人类精神文明和物质文明的代表。

中国花文化

花卉王国

中国是一个花卉大国，是全世界公认的“园林之母”。在全世界3万多种花卉中，有1万~2万种花卉的原产地是中国。世界许多国家特别是欧洲国家为此称赞道“没有中国的花卉，便不成花园”。中国人自古以来就十分喜爱花，各种花以其独有的方式深深植入中国人的文化生活中，中国的文化传统也赋予了它们不同的文化品格。中国人对花有着剪不断、解不开的情结。古往今来，许多名人不仅要观赏花的秀韵多姿，还要品尝花的美味，领略大自然的精灵，因此在饮食文化中留下了许多千古佳话。中国是诗的王国，当然也有不少关于花的诗句千古流传。

中国花文化的历史源远流长。中国人在赏花时会观察花的颜色、姿容。花中所蕴含着的人格寓意、精神力量更是感染着每一位赏花者。陶渊明的“采菊东篱”、林逋的“疏影横斜”、周敦颐的“出淤泥而不染”、杨万里的“只道花无十日红，此花无日不春风”、孔夫子的“兰当为王者香”、苏东坡的“只恐夜深花睡去，

故烧高烛照红妆”……这些诗句无不表达了诗人寄情于花的美好愿景。花在中国绘画史上也占有一席之地，中国的绘画中有一大半就是关于花的描绘。想要画好一种花是极不容易的，有人甚至穷其一生，就是为了画好一种或几种花。

在古代，中国人认为花是有灵性的。不过随着科学文化的进步与发展，人们已经摒除了这些带有封建迷信的看法，赋予花以新的文化内涵。人们不仅用花来表达热爱自然、热爱生活的情感和对未来美好幸福的憧憬，还借花来讴歌人生和社会中的真善美。中国人对花有着独特的审美观。在用花、赞花和赏花之时，不但注重花卉的外形美，其兴谢枯荣的内在美更是他们关注的重点。中国人赞花、赏花的目的是双重的，既要求有装饰美化的实用效果，又要求有畅神达意的精神享受。花卉的美要以形传神，形神兼备。因此赏花能让人获得身体与心灵的双重涤荡。在用花、赞花和赏花的表达方式上，中国人常用的有赋诗、填词、作曲、绘画等方式，这在很多艺术作品中都可以看到。人们还喜欢借花明志，以花传情，用花来表达自己的主观感受。因而常将花寓以多种吉祥美好的意义，使花人格化甚至神化，然后采用比兴、寄托等手法，让人们通过联想领会其深远的意义。

花中十二神

历代文人墨客吟咏百花，弄出了不少趣闻。花中十二神就是根据文人们舞文弄墨的轶事而创作出来的。

一月兰花神。屈原是我国古代著名的爱国诗人。他十分喜爱兰花，将满腔爱国之情寄托在兰花上，并亲手在自家庭院“滋兰九畹，树蕙百亩”，自己也常身佩兰花。因此，后人将“幽而有芳”的兰花视为高尚节操和纯洁友谊的象征，兰花也成为“花中君子”和“国香”。

二月梅花神。北宋初年著名的隐逸诗人林逋隐居于西湖孤山，终生无官、无妻、无子，与梅花、白鹤相依为命、形影不离。林逋以善咏梅著称，他笔下的梅花清丽幽寂、独树一帜。“疏影横斜水清浅，暗香浮动月黄昏”等诗句，更是被誉为神来之笔。梅花被视为敢为天下这一优秀品德的象征，被称为“国魂”和“花魁”。

三月桃花神。晚唐著名诗人皮日休将桃花比作美

人，并在《桃花赋》中称赞桃花为“艳中之艳，花中之花”，认为见到了桃花就犹如见到了美人。因此，桃花被视为吉祥美好和美满爱情的象征。

四月牡丹花神。欧阳修的《洛阳牡丹记》是我国第一部关于栽培牡丹的书。他为写这部书遍历洛阳城中19个花园，寻觅牡丹佳品。牡丹花雍容华贵、国色天香，现在被人们视为“繁荣富强，和平幸福”的象征，有“花中王”之称。

五月芍药花神。苏东坡在任扬州太守时，下令废除了损害扬州芍药，滋扰百姓的“万花会”，受到了扬州百姓的热烈拥护。他称赞“扬州芍药为天下之冠”，可见其爱花之心。如今芍药被视为爱情和友谊的象征。

六月石榴花神。江淹在《石榴颂》中这样称赞石榴：“美木艳树，谁望谁待?……照烈泉石，芳披山海。奇丽不移，霜雪空改。”石榴花远远望去，就像是成熟的女人穿着彩色的裙子在那里翩翩起舞，十分好看。因此，石榴花是成熟美丽的象征。石榴还可以作为礼品，有祝其子孙发达、前程无量的含义。

七月莲花神。“出淤泥而不染，濯清涟而不妖，中通外直，不蔓不枝，香远益清，亭亭静植，可远观而不可亵玩焉。”周敦颐在他的《爱莲说》中这样高度赞美莲花，因此他也被称为“莲花诗人”。现在，莲花已成为了清正廉洁的象征。

八月紫薇花神。宋代诗人杨万里有诗这样赞颂紫薇花：“似痴如醉丽还佳，露压风欺分外斜。谁道花无红百日，紫薇长放半年花。”明代薛蕙也写过：“紫薇花最久，烂漫十旬期。夏日逾秋序，新花续放枝。”这都说明了紫薇花花开不败的特点。紫薇花也象征着和平、幸福和美满的生活。

九月桂花神。洪适对桂花有着特殊的情感。他对于人们用桂花表示友好、和平和吉祥如意十分称赞，赞美桂花："风流直欲与秋光，叶底深藏粟蕊黄。共道幽香闻十里，绝知芳誉亘千乡。"青年男女则以桂花表示爱慕之情。在我国，桂花还象征着收获。

十月芙蓉花神。南宋诗人范成大十分喜爱芙蓉花。他晚年在故乡苏州的居所种植了大量木芙蓉，并写有《携家石湖拒霜》《窗前木芙蓉》等诗篇赞美木芙蓉。芙蓉美在照水，德在拒霜。在民间，芙蓉花还是象征夫妻团圆之物。

十一月菊花神。陶渊明一生爱菊、赏菊、以菊自况。他是第一位颂扬菊花为"霜下杰"的诗人，"采菊东篱下，悠然见南山"也是我们所熟知的名句。陶渊明安贫守道、孤高无尘的品德与菊花的高风亮节完美地结合到了一起。如今，花中四君子之一的菊花象征着不可摧残、充满活力的生命。

十二月水仙花神。高似孙写过水仙花的前赋和后赋，将冰清玉洁的水仙描绘得十分美丽动人。水仙花娉婷玉立在清澈的水中，显得高雅、清丽。现在，人们将水仙视为纯洁爱情的象征。

花中的十二姐妹

我国民间有“十二姐妹花”之说，这十二种花即是梅花、杏花、桃花、蔷薇、石榴、荷花、凤仙、桂花、菊花、木芙蓉、水仙、腊梅。为什么会有这种说法呢？原来，由于各种植物花期的不同，我国农历的每个月都有一种具有代表性的花开放，由此形成了这花中的十二姐妹。

正月梅花凌寒开

历史上关于咏梅的诗篇数不胜数。“不是一番寒彻骨，怎得梅花扑鼻香？”唐代黄蘖禅师写出如此的咏梅佳句，可见其对梅花十分欣赏。“风雨送春归，飞雪迎春到。已是悬崖百丈冰，犹有花枝俏。俏也不争春，只把春来报。待到山花烂漫时，她在丛

中笑。”毛泽东的《卜算子·咏梅》也道出了梅花不畏严寒、百折不挠的坚韧品质。

二月杏花满枝来

娇艳的杏花在二月份已悄然绽放。“春色满园关不住，一枝红杏出墙来”，南宋诗人叶绍翁的这一佳句早已被千古传颂。唐代温庭筠也有“红花初绽雪花繁，重叠高低满小园”这样意境优美的诗句。

三月桃花映绿水

宋代文学家汪藻的“野田春水碧于镜，人影渡傍鸥不惊。桃花嫣然出篱笑，似开未开最有情”曾传诵一时。“人面桃花”的故事也在民间广为流传。

四月蔷薇满蓠台

唐代李群玉的《临水蔷薇》“浪摇千脸笑，风舞一丛芳”，写出了四月那繁花似锦的蔷薇的绰约风姿。杜牧也有“朵朵精神叶叶柔，雨晴香指醉人头”这样的诗句。

五月榴花红似火

“五月榴花照眼明，枝间时见子初成。可怜此地无车马，颠倒青苔落绛

英。”唐代文学家韩愈的《榴花》将五月花红似火的石榴那份孤独盛开的落寞描写得丝丝入扣。

六月荷花洒池塘

“酒盏旋将荷叶当。莲舟荡，时时盏里生红浪。”北宋诗人欧阳修的《渔家傲》被后人称为赞美荷花不可多得的佳句。

七月凤仙展奇葩

凤仙花生得奇特。唐代吴仁璧的《凤仙花》将其描写得十分形象逼真：“香江嫩绿正开时，冷蝶饥蜂两不知。此际最宜何处看?朝阳初上碧梧枝。”明代诗人瞿佑也有诗作《咏凤仙》“高台不见凤凰飞，招得仙魂慰所思”，将人们对凤仙花的喜爱之情描绘得淋漓尽致。

八月桂花遍地开

唐代宋之问有“桂子月中落，天香云外飘”的佳句。李清照的“何须浅碧深红色，自是花中第一流”也将桂花的美丽芬芳展现在世人面前。明太祖朱元璋也在《红木犀》（桂的别称）里这样称赞桂花：“月宫移向日宫栽，引得轻红入面来。好向烟霞承雨露，丹心一点为君开。”

九月菊花竞怒放

我国古代众多诗人都十分喜爱菊花，他们笔下的菊花就是黄花，有着廉洁高雅的高尚情操。李白的“黄花不掇手，战鼓遥相闻”，显示了他所特有的豪情。元稹也有咏菊名句“不是花中偏爱菊，此花开尽更无花”。

十月芙蓉千般态

唐代白居易有诗云:“莫怕秋无伴醉物,水莲花尽木莲开。”“小池南畔木芙蓉,雨后霜前着意红。犹胜无言旧桃李,一生开落任东风。”宋代吕本中的《木芙蓉》将芙蓉花从容淡定、潇洒自如的品质描写得十分形象。

十一月水仙凌波开

北宋诗人黄庭坚将水仙花赞为“凌波仙子”,可见其对水仙花的喜爱之情。清代王夫之的“乱拥红云可奈何,不知人世有春波。凡心洗尽留香影,娇小冰肌玉一梭。”也赞美了水仙花的素洁清雅。

十二月腊梅报春来

“墙角数枝梅,凌寒独自开。遥知不是雪。为有暗香来。”王安石的这首《梅》我们都十分熟悉。宋代陈与义的诗句“一花香十里,更值满枝开。承恩不在貌,谁敢斗香来?”也将腊梅花的风骨和气韵展现得入木三分。

十二花婢、花师、花友

所谓花中“十二婢”，是指花开时，其不仅心存爱憎，而且意涉亵狎，消闲娱目，宛如解事小鬟一般，故称之为“婢”。十二花婢包括凤仙、蔷薇、梨花、李花、木香、芙蓉、蓝菊、栀子、绣球、罂粟、秋海棠、夜来香。这十二种花或娇艳欲滴，或婀娜多姿、嫣红腻翠、争奇斗艳。

所谓花中“十二师”，是指花开时，其态浓意远，骨重香严，使人肃然起敬，故称之为“师”。十二花师分别是牡丹、兰花、杜鹃、桂花、芍药、水仙、莲花、梅花、桃花、山茶花、菊花、海棠花。这十二种花或端庄秀丽，或香远益清、温文尔雅、国色无双。

所谓花中“十二友”，是指花开时，凭栏拈韵，相顾把杯，蔼然可亲，像投契良朋，故称之为“友”。十二花友包括珠兰、茉莉、瑞香、紫薇、山茶、碧桃、玫瑰、丁香、桃花、杏花、石榴、月季。这十二种花或傍花随柳，或孤芳自赏、清香宜人。

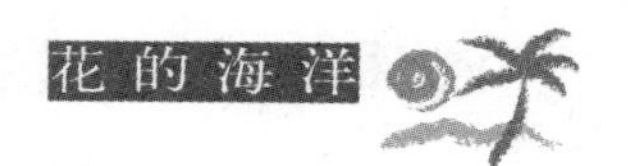

传情达意的鲜花

千百年来，人们与花卉有着千丝万缕的联系。在人们的眼中，花卉不只是一种植物，而是被给予了人格化的形象。人们赋予了花卉很多人文内涵，用各种不同的花卉来表达自己的感情、愿望和思想，花语便由此形成。花语是一种奇特的语言，不过由于各国的风俗习惯不同，花语在各国表示的含义也不尽相同。为了更好地运用鲜花，我们有必要了解一些相关的习俗。例如，枯萎的花如果用来馈赠亲友则意味着情谊的结束。不同的花色也有不同的含意，如红色象征爱情，粉红色表示友谊和好感，白色表示纯真，黄色表示嫉妒，橙黄色象征希望……

我国历史悠久，有着博大精深的文化传统，花中也蕴含着丰富的文化，凝聚着中华民族的品德和气节。我国的花语十分丰富。梅花被喻为花魁，它不畏严寒先于百花盛开，花色冷艳、暗香沁心，有着谦逊、坚贞的美德。因此在旧时，梅花常常象征着清高、孤傲、不同流合污。文人雅士常以梅花来隐喻自己高洁的品行，梅花也常

用来比喻老人的德高望重与晚节留香。国色天香的牡丹和芍药，丰满艳丽、端庄凝重。牡丹代表了人们希望繁荣富贵、和平幸福的美好愿望；芍药则代表了离别时的依依惜别之情。亭亭玉立的荷花象征着脱离庸俗、具有理想的君子，荷花“出淤泥而不染，濯清涟而不妖”，也代表了纯洁。藕丝缠绵、花开并蒂、莲子同房、鸳鸯相伴的荷花还是夫妻恩爱的象征。海棠被誉为“花中神仙”，因其开放时一片嫣红，不仅色香俱全，还极富神韵。现在人们常用“海棠绰约如处女”来形容它的娇媚与楚楚动人。海棠花还象征喜悦，送上一枝海棠花表示“祝你快乐”。

很多花在中国都具有自己独特的寓意。如：

山茶：女中豪杰，巾帼英雄。

杜鹃：锦绣河山，前程万里。

兰花：正气之化身。

菊花：有骨气。

水仙：祝愿家庭幸福祥瑞。

桃花：淑女之美，生活幸福美满；桃子为长寿的象征；桃李表示弟子、学生。

百合花：百事如意，百年好合。

石榴花：子孙繁衍。

金盏菊：健康长寿。

木棉：英雄。

紫荆花：兄弟和睦。

凌霄花：人贵自立。

萱草：忘掉忧愁。

红玫瑰：真心相爱。

丰富多彩的花节

无论哪个国家和地区，人们对花的喜爱之情都是相同的，因此世界上的很多国家和地区都举办过花节。我国也有很多地方都在举办丰富多彩的花节：如三月份北京、上海等地的“桃花节”和四月中下旬洛阳的“牡丹花节”，是我国比较著名的大型花卉节日；五月底至六月初在天津举办的“月季花节”，是天津人民一年一度的赏花盛会；六月下旬武汉、杭州、合肥、深圳等地都举办“荷花节”；在七月下旬河北新安白洋淀举办的“白洋淀荷花节”上，人们不仅能观赏到荷花的绰约风姿，还有赛船等丰富的节庆活动等待着大家的参与；九月末在上海、杭州、桂林等地的“桂花节”，每年都能吸引大量游客；十月还有中山市的“菊花节”；云南的昆明和丽江两座城市在春节前后还会举办“茶花节”……

在美国南部亚拉巴马州的莫比尔市，每年三月一到，都会举行杜鹃花节；加利福尼亚州圣克拉门托每年三月二日都会举办传统的“山茶花节”；华盛顿的“樱花节”也在四月五日开幕。樱花是日本的国花，在每年樱花盛开的季节，日本的“樱花节”就会由南向北而举行，随着樱花的开放时间而转移；五月，日本还会举办“鸢尾节”，而其“菊花节”在十一月举行。

花与诗人

花与诗人邂逅，便产生了美妙无比的咏花诗。自古以来，诗人对花就似乎情有独钟。他们爱花赏花，知花赞花，以花为知己、伴侣，吟唱不辍。

唐代诗圣杜甫十分喜欢花，这一点从他的《江畔独步寻花七绝句》就能看出来。杜甫在春暖花开的时节，独自沿江畔散步，触景生情，一连作成这七首诗。在这组与花有关的诗歌中，有这样一首："黄四娘家花满蹊，千朵万朵压枝低。流连戏蝶时时舞，自在娇莺恰恰啼。"这首诗说的是黄四娘家小路边那美丽的花多得连蝴蝶都流连忘返，黄莺见此美景也唱出了美妙的歌声。一种春意闹的情绪扑面而来，给人以轻松愉快的感觉。正是这美丽的花儿使饱经离乱的杜甫写出了如此动人的佳句。

"东风袅袅泛崇光，香雾空蒙月转廊。只恐夜深花睡去，故烧高烛照红妆。"这是宋代诗人苏东坡的《海棠》。这首诗不仅描写了海棠花的娇艳迷人，还将诗人深夜燃烛独自赏花的优美意境写得极为精巧动人，诗人对海棠花的喜爱之情跃然纸上。

诗人表达爱花情绪最普遍的方式就是写咏花诗。除了写诗，在很多诗人身上还发生过许多与花有关的奇闻异事，如南宋著名的诗人陆游十分喜欢牡丹花，即使自己年事已高，仍然将牡丹花插在头上，可见其对牡丹花的痴迷。

花与现代作家

不只古代诗人喜爱花，现代很多作家也对花有着特殊的感情，不少作家都用文章表达了他们的喜爱之情。

朱自清是我们熟悉的现代散文家。其散文朴素缜密，文笔清丽，极富有真情实感。中学时我们就学过他的《匆匆》《背影》和《荷塘月色》等文章。他的《看花》一文极美，将扬州人家的种花、买花和赏花写得细致入微。朱自清十分喜爱海棠花，文章中就有“最恋的是西府海棠”这样的名句。在清华大学任教时，每到春天，他都会冒着大风从清华园赶到城里的中山公园去欣赏盛开的海棠。

现代女作家冰心十分喜爱月季花和玫瑰花。她曾说过：“中国是月季花的故乡，要好好种月季花。”

“人民艺术家”老舍非常喜欢菊花，菊花也对他的创作起了促进作用。他在自己的院子里种植了很多不同品种的菊花，并时常在写作的间隙去院中欣赏菊花，以调剂精神。不只如此，他对养花也有浓厚的兴趣。“(养花)有喜有忧，有笑有泪，有花有实，有色有香，既须劳动，又长见识，这就是养花的乐趣。”他在《养花》一文中如是说。

鲁迅先生曾写过《惜花四律》的诗，其中有一首是这样的：“繁英绕甸竞呈妍，叶底闲看蛱蝶眠。室外独留滋卉地，年来幸得养花天。文禽共惜春将去，秀野欣逢红欲然。戏仿唐宫护佳种，金铃轻绾赤阑边。”由此可以看出鲁迅先生对花的喜爱，他惜花的感情由此诗表露无遗。

花与艺术家

花在很多时候赋予了艺术家们创作的灵感，对许多艺术家影响深远。

梅兰芳是我国著名的京剧表演艺术家，他很喜欢牵牛花，对其情有独钟。他在自家的院子里种植了很多牵牛花，还培育了不少新品种。每天早晨他都会很早起床，一边练功，一边观察牵牛花慢慢开花的动态美景，牵牛花似乎能给他无限的动力。他甚至还风趣地对牵牛花说："咱们起身一样早。"

丰子恺是我国一位在多方面都有卓越成就的现代文艺大师，在人民大众中影响深远。他一生画了好多名作，其中有一幅图画构思极妙：一张桌子三面有人，一面无人，题词是"小桌呼朋三面坐，留下一边给梅花"。将梅花人格化了。

女艺术家也爱花。一个突出的例子就是在20世纪30年代，有一位姓陈的女影星极爱蜡梅，因此人们就笑称她为"陈蜡梅"。每当蜡梅开时，她家室内到处都插满了蜡梅。

中国传统十大名花

花魁——梅花

万花敢向雪中出，一树独先天下春。

几千年来，在我国文学艺术史上，关于梅花的诗画数不胜数，其数量之多，足以令任何一种花卉都望尘莫及。梅花具有强大的感染力，历来象征着坚忍不拔、百折不挠、自强不息的中国人民。在“悬崖百丈冰”的季节，唯有梅花“凌寒独自开”，向人们挥洒着春的暖意。梅花高风亮节、铁骨冰心的形象展示了龙的传人的精神面貌，鼓励着人们勇敢地面对一切艰难险阻，它是我们中华民族最有气节的花！

梅属蔷薇科李属落叶小乔木，小枝纤细而绿色无毛。梅的花期在晚冬，

即一月至二月。花5瓣，直径1～3厘米，单生或2朵簇生，有短梗，呈淡粉红或白色，芳香扑鼻。花开之后才长叶，叶呈广卵形至卵形，先端渐长尖或尾尖，基部阔楔形或近圆形，锯齿细尖，背面脉上有毛，叶柄有腺体。果实可食用，成熟于初夏，即每年六月我国江南的梅雨时节。

梅花原产于我国，公元4世纪时，梅花伴随着中国文化的传播传入日本，后在欧美等西方国家也有少量栽培。我国栽培梅花历史悠久，至少有3 000年。1975年，在河南安阳殷代墓葬中出土的铜鼎里，发现了一颗距今已有3 200余年历史的梅核。梅花的寿命很长，我国很多地区还有上千年的古梅。在湖北黄梅县，有一株古老的晋梅，据考察，它至少已有1 600岁了，但至今仍然年年开花。杭州超山也有800多年前的宋梅。浙江天台山国清古寺有一株隋梅，相传它是佛教天台宗的创始人智顗大师亲手所植，距今已有1 300多年的历史了。

梅树最初引种栽培的目的并不是观赏。“民以食为天”，人们种植梅树主要是为了食用梅果。成语“望梅止渴”中的梅，指的就是梅的果实。“梅始以花闻天下”是在春秋战国时期，从此以后人们才更加注重梅花的欣赏价值。

赏梅是讲究一定意境的，这是它与其他很多观赏花卉的不同之处。“花宜称”中讲到，赏梅包括“淡阴、晓日、薄寒、细雨、轻烟、佳月、夕阳……”等26条赏梅意境。赏梅时更注重的是它的“韵”和“格”。梅花贵稀不贵繁，贵老不贵嫩，贵瘦不贵肥，贵含不贵开，这是在赏梅时需注意的梅之佳态。

梅花浓而不艳、冷而不淡，它那疏影横斜的风韵和暗香浮动的清雅，一直为我国人民所推崇。梅花那铮铮铁骨、浩然正气、不畏霜雪、独步早春的精神品格更是难能可贵。“凌厉冰霜节愈坚”，越是寒冷，越是风雪欺压，它就开得越精神，越秀气。人们把松、竹、梅称作“岁寒三友”，尊梅、兰、竹、菊为“四君子”。

历代的文人墨客也赋予了梅花很多精神内涵。“……无意苦争春，一任群芳妒，零落成泥碾作尘，只有香如故。”南宋爱国诗人陆游在《卜算子》中借咏梅表达了自己怀才不遇的寂寞和不论受到怎样的挫折也要永葆高风劲节的情操。伟大领袖毛泽东在读了陆游的这首词后，反其意而用之：“风雨送春归，飞雪迎春到，已是悬崖百丈冰，犹有花枝俏。俏也不争春，只把春来报。待到山花烂漫时，她在丛中笑。”表达了一代伟人的革命英雄主义情怀和乐观主义精神。

小知识

我国赏梅胜地众多。除了南京梅花山，其他较著名的还有浙江余杭县的超山梅花，素有“超山梅花天下奇”的美誉；杭州的灵峰梅花，现已成为西湖的赏梅胜地；上海市的淀山梅花，有不少树龄在百年以上的古梅；广州市的罗岗梅花，是驰名中外的羊城八景之一，等等。

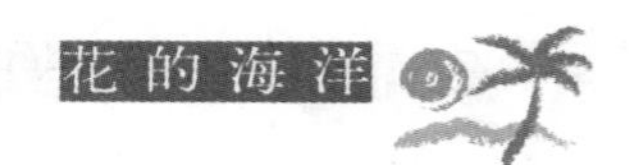

花中之王——牡丹

疑是洛川神女作，千娇万态破朝霞。

艳阳高照的五月，玉兰、桃花、紫荆等报春花纷纷凋零、残红满地，牡丹开始脱颖而出。“落尽残红始吐芳，佳名唤作百花王。竟夸天下无双艳，独立人间第一香。”说的便是国色天香的牡丹。

牡丹是毛茛科芍药属灌木，为多年生落叶小灌木，生长缓慢，株型小。根肉质肥大，为棕褐色。枝条短而粗壮。叶呈小叶卵形或披针形，二回三出复叶，顶生小叶的上部3浅裂，侧生小叶斜卵形，不裂或不等2裂。表面为绿色，背面为淡绿色，有白粉，脉上疏生长毛。花大色艳，形美多姿，花径10～30厘米。牡丹花期较短，只有3～4天，即使早、中、晚不同品种的牡丹接力开花，也不过20来天。正因如此，

便出现了白居易的那句："花开花落二十日，一城之人皆若狂。"

牡丹被称为"花中之王"，颜色十分丰富，有白、黄、粉、红、紫红、紫、墨紫（黑）、雪青（粉蓝）、绿、复色十大色。当我们置身于牡丹花海中，那千姿百态的各色牡丹，总能将所有烦恼一扫而光。"千片赤英霞灿灿，百枝绛点灯煌煌"的红牡丹，"天生洁白宜清静"如羊脂美玉般的白牡丹，"嫩蕊包金粉，重葩结绣囊"的黄牡丹，"蝶繁经粉住，蜂重抱香归"的粉牡丹，"花向琉璃地上生，光风炫转紫云英"的紫牡丹……万紫千红的牡丹在绿叶的簇拥下更显娇媚。

牡丹是中国特有的花卉，有数千年的自然生长和2 000多年的人工栽培的历史。因其花大、形美、色艳、香浓，具有较高的观赏价值和药用价值，历来为人们所称道。距今已有3 000年历史的《诗经》最早记载了牡丹文化。隋炀帝时期，牡丹进入皇家园林，成为宫廷花卉。秦汉时的《神农本草经》将其作为药用植物记入，从而使牡丹进入了药物学。此后，在各种文学作品中也经常能见到牡丹的身影，如欧阳修的《洛阳牡丹记》、陆游的《天彭牡丹谱》、明人高濂的《牡丹花谱》以及清人汪灏的《广

群芳谱》等。此外，各种民间的传说以及雕塑、雕刻、绘画、音乐、戏剧、服饰、食品等方面的牡丹文化现象，更是屡见不鲜。由此形成了包括植物学、园艺学、药物学、地理学、文学、艺术、民俗学等多学科融合的牡丹文化学，是完整的中华民族文化的重要组成部分。

在我国，虽然民族间的文化差异较大，但人们对于牡丹的喜爱却是相同的。各地都有自己独特的牡丹文化，如湖北、贵州的土家族，云南的白族以及甘肃、青海、宁夏等少数民族人民，为讨个吉祥富贵的好兆头，都喜欢在自家庭院内栽上不同种类的牡丹花。洛阳、菏泽、北京、杭州、四川彭州等地在每年牡丹盛开的时节都会举办极具民间特色的牡丹花会和灯会。特别是山东菏泽和河南洛阳在每年4月中旬举办的“牡丹节”十分隆重。各种各样的活动招来八方宾客，不仅提高了当地的知名度，也为当地人民带来不少商机。

“牡丹情结”更多地体现在了歌曲或其他艺术形式上。在青海、宁夏一带的流行民歌“花儿”中，牡丹象征着爱与美，人们把聚集歌唱“花儿”的季节叫作“牡丹月”或“浪牡丹会”。

古代很多曲牌中也包含牡丹，如《白牡丹令》《绿牡丹令》《十朵牡丹九朵开》

等。许多歌词都喜欢以花喻人，质朴生动的语言表达了一种最真挚的情感。如河南民歌《编花篮》中唱到："编、编、编花篮，编个花篮上南山，南山开遍了红牡丹，朵朵花儿开得艳。"通过悠扬的旋律和通俗的歌词将一群上山采摘牡丹的姑娘的欣喜之情表达得淋漓尽致。20世纪50年代，描写一位勤劳善良的老花农巧遇"牡丹仙子"的电影《秋翁遇仙记》在放映时，引起了巨大的轰动。20世纪80年代的电影《红牡丹》的插曲《牡丹之歌》，那激情洋溢的旋律和积极向上的歌词，曾经鼓舞了一代人。"牡丹奖"是我国包括相声、京韵大鼓、快板、坠子、评弹等说唱艺术在内的曲艺界最高奖项，迄今已有许多成绩卓越的艺术家获此殊荣。

历史上众多帝王将相、文人雅士，如隋炀帝、武则天、杨贵妃、慈禧、欧阳修、刘禹锡、蒲松龄等，都钟情于牡丹，他们种花、赏花、写花，留下了不少有趣的故事。

"诗仙"李白写咏牡丹的《清平调》词三首的趣事至今还为后人津津乐道。相传，某天唐玄宗与杨贵妃在沉香亭观赏牡丹，一班奏乐的陈词滥调引起了玄宗的不悦，他便让人去召李白来写新词。恰逢李白在酒楼喝得烂醉，只能由人抬到玄宗面前，爱才的玄宗也不责怪，还亲自为其调试醒酒汤。躺在玉床的李白把脚伸向高力士，要他脱靴，高力士无奈，只好憋着一肚子气帮李白脱了靴子。李白这才起身，拿起笔龙飞凤舞地写了起来，没多大工夫，诗便已落成：

清平调词三首

李白

一

云想衣裳花想容，春风拂槛露华浓。

若非群玉山头见，会向瑶台月下逢。

二

一枝红艳露凝香，云雨巫山枉断肠。

借问汉宫谁得似，可怜飞燕倚新妆。

三

名花倾国两相欢，长得君王带笑看。

解释春风无限恨，沉香亭北倚栏杆。

一直以来，牡丹就被我国人民当作富丽繁荣的象征。在刺绣、雕刻、印花和绘画等艺术品中总能看见牡丹的倩影，人们将各种情感和希望寄寓于牡丹，如牡丹和寿石的组合，意为“长命富贵”，与长春花的组合，意为“富贵长春”。牡丹已根植于我们的生活，成为中国人心中永远不败的花朵。

小知识

洛阳牡丹甲天下，我们都知道洛阳牡丹以花大色艳、富丽端庄而名扬天下。关于洛阳牡丹，还有一个典故。某日武则天出游，但见百花含苞未开，便下诏催花：“花须连夜发，莫待晓风吹。明早游上苑，火速报春知。”次日，除牡丹外，百花盛开。武则天大怒，命人一把火将牡丹花烧为焦灰，并将其连根拔起，贬至洛阳。谁知此后洛阳牡丹长势极旺，就连曾被烧焦的牡丹也开了花，就是现在的焦骨牡丹，人们纷纷来此观赏。可见人们不仅钟情于牡丹的艳冠群芳，还赞赏它敢于抗争的品格。

高风亮节——菊花

春露不染色，秋霜不改条。

中国是菊花的原产地，距今已有3 000多年的栽培历史，约在明末清初，中国菊花传入欧洲。菊花是我国的传统名花，中国人极爱菊花，从宋朝起民间就有一年一度的菊花盛会。在神话传说中菊花也被赋予了吉祥、长寿的含义。菊花历来被视为孤标亮节、高雅傲霜的象征，代表着名士的斯文与友情。且因菊花在深秋不畏秋寒开放，深受中国古代文人雅士的喜爱，并有许多歌颂菊花的名谱佳作流传于世。冷傲高洁的菊花和梅、兰、竹一起被人们誉为“四君子”。菊花孤傲高洁、坚贞不屈，受到人们格外的青睐。

菊花按植株形态可分为3种类型：一是花头大、植株健壮的独本栽菊；二是在世界各国广为栽培的切花菊；三是植株低矮、花朵较小、抗性强的地被菊。

菊花为菊科菊属多年生草本植物，也称“艺菊”，是长期以来人工选择培育出的名贵观赏花卉，目前品种已达千余种。菊株高20~200厘米，通长30~90厘米。茎除悬崖菊外多为直立分枝，基部半木质化，茎色嫩绿或褐色。单叶互生，卵圆至长圆形，边缘有锯齿和缺刻。头状花序腋生或顶生，一朵或数朵簇生。筒状花为两性花，舌状花为雌花。舌状花分为下、匙、管、畸四类，色彩丰富，有黄、红、墨、白、绿、紫、粉、橙、棕、淡绿、雪青等。筒状花发展成为具有各种色彩的“托桂瓣”，花色有黄、红、紫、白、绿、粉红、间色、复色等色系。

菊花品种繁多，因此花序形状也各不相同。有单瓣，有重瓣，有球形，有扁形，有短絮，有长絮，有卷絮和平絮，有实心和空心，有下垂的和挺直的。按照花茎大小区分，有花茎10厘米以上的大菊，花茎6~10厘米的中菊，花茎6厘米以下的小菊。按照花的瓣型可分为管瓣、平瓣、匙瓣3类10多个类型。菊花的花期也各不相同，一般分为3类：九月开放的早菊花，十月至十一月开放的秋菊花，十二月至来年一月开放的晚菊花。但现在经过园艺家们的不断努力，改变日照条件，也出现了五月开花的五月菊和七月开花的七月菊。

菊花在世界切花生产中占有重要地位。切花的花形整齐，花茎长7~12厘米，花色鲜艳，茎直叶绿，植株高80厘米以上，水养期长。地栽的切花菊要求行距为15厘米，株距12~13厘米，每平方米达50株，为保持植株直立，应设网扶持。

作为我国的传统名花，菊花已深深渗透到中国人民的日常生活中。菊花不仅可供观赏，用来美化环境、布置园林，还有多种经济价值，能将其酿成美酒，做成食品及作为药用使用，更形成了一种菊花茶文化。千百年来，菊花那绚烂缤纷的色彩，千

姿百态的花朵和朴素清雅的香气深受中国人民的喜爱，而它在百花枯萎的寒冬季节傲霜怒放，不畏寒霜欺凌的气节，也体现了中华民族不屈不挠的精神。

小知识

在日本，关于菊花还有一个有趣的传说。古时候，中国皇帝为寻找长生不老的药，派出了一条载有12个贵族童男童女的大船远航海外，并携带了十分贵重的金菊花用来作为交换。谁知后来船只遭遇风暴袭击，大家被冲到了一个无人的荒岛，无奈之下，人们只能在那安家落户，并将金菊花种植于岛上。那里就成了现今的日本。日本国旗上的太阳图案其实就是一朵金色的菊花，而16瓣的菊花也是日本天皇的象征符号。

花中君子——兰花

兰生于深谷，不以无人而不芳。

出身于深山幽谷的兰花别名“兰草”，其身姿清丽。兰花居中国十大名花第四位，并以其淡泊高雅的气质赢得了“花中君子”的美名。

兰花属于兰科多年生草本植物，品种繁多，如今我们所称的“兰花”其实是多种兰花的统称。兰花是我国古老的名贵花卉，已有2 000多年的栽培历史，中国兰是较为著名的品种。

中国兰又名“地生兰”，按形态可将其分为春兰、蕙兰、建兰、墨兰、寒兰五大类。春兰是分布较广、数量较为丰富的一种，俗称“草兰”“山兰”，在早春开花。花瓣为黄绿色，香味浓郁纯正，开花时间可持续1个月。其叶丛生，

窄而短，弯曲下垂，婀娜多姿。蕙兰又名“九节兰”，花期为一年中的四月至五月。叶窄而长。其花茎直立，花朵簇生，多为彩花，颜色有淡黄、白、绿、淡红及复色，花气清香远溢。建兰也叫“四季兰”，包括夏季开花的夏兰和秋季开花的秋兰。建兰在福建一带分布较广，花期为一年中的五月至十二月。建兰不畏寒暑，生命力极强，易栽培。其花瓣色淡黄而带绿晕，花气浓烈持久，叶色深而挺秀。寒兰和墨兰在腊冬和春初才开花，寒兰花色丰富，有紫、青、黄、白、桃红等色，香气袭人。墨兰于春节前后开花，因此又叫“报岁兰”“拜岁兰”等，在我国南方广泛种植。

兰花的生长环境为温暖湿润、半阴的环境，在我国云南、四川、广东、福建、中原及华北山区均有野生兰花分布。兰花适宜在疏松的腐殖质土中生长和分株繁殖，并且要求适量施肥和及时浇水。兰花的花枝可做切花。为了让兰花形成花芽并适时开花，需在“五一”之后将苗盆移至通风凉爽的荫棚下，进行养护管理，立秋后再搬入室内。生活中，人们一般用兰花来装点书房和客厅，能起到净化空气的作用。

兰花简单朴素，有着高雅俊秀的风姿和沉静的气质。花香清幽深远，

沁人心脾。叶色常青，气宇轩昂，叶质柔中有刚，花、香、叶“三美俱全”。兰花还有四清，即气清、色清、神清、韵清。古人将兰花的淡雅之气称为“王者香”“国香”，其清丽的颜色也深受人们的喜爱。兰花神韵俱佳，其刚柔兼备的秉性和在幽林亦自香的美德赢得了人们的敬重。中国兰花文化历史悠久，自古以来就与中国传统文化结下了不解之缘。在古代，兰花象征着超凡脱俗、高雅纯洁。好的文章、书法被称为兰章；好友相处被称为兰友；优秀人物的离世，则被称为兰摧玉折。在近代，也有互换“金兰帖”结为“金兰”的风俗。如今，兰花已成为人世间美好事物的象征，其端庄高贵的品质和潇洒飘逸的风姿风韵，被人们誉为有生命的艺术品。它那优美的形象和高洁的品格在潜移默化中影响着中华民族，成为华夏子孙的理想人格和民族精神的象征。

小知识

中国早在2 400多年前的春秋战国时期就开始栽培和观赏兰花了，比西方栽培洋兰早很多。中国兰在历史上占有重要地位。白芷是中国兰的根，象征着人民。蕙兰和白芷称为一对是为夫兰，又称“蕙芷”。自古以来，仁义与民政传统美德的精华就是蕙芷，蕙兰根系人民，唐代诗人李白就写有“幽兰香风远，蕙草流芳根”。中国的文化先师孔子也曾说：“芷兰生幽谷，不以无人而不芳，君子修道立德，不为穷困而改节。”他将夫兰称为“王者之香”，这句话流传至今。

花中皇后——月季

只道花无十日红，此花无日不春风。

月季热情如火，被誉为“花中皇后”。千姿百态的月季深受中国人民的喜爱，它不仅是我国的传统名花，也是世界著名花卉，欧美一些国家还将月季作为国花。

月季为蔷薇科半常绿小灌木，与同属蔷薇科的玫瑰、蔷薇十分相似，因此这3种花被誉为蔷薇属花卉的“三姐妹”。但它们也有很多不同之处：玫瑰是落叶小灌木，主要用于园林栽培，花期十分短暂，仅2个月左右，花色也仅有玫瑰色一种，花香怡人，花瓣可制作香料；蔷薇也是落叶灌木，但野生性强，只在夏、秋季节开花，枝条常呈匍匐状，蔷薇花形小、瓣数少，花色也仅有白、淡黄、粉等几种；月季是半常绿小灌木，花期长，在一定的条件下甚至四季都能开花，花形大、瓣数多，花色十分丰富，不似玫瑰和蔷薇那般单调，花香馥郁迷人。

月季原产于中国，种类繁多，主要有食用月季、切花月季、藤蔓月季、丰花月季、大花月季、树状月季、微型月季、地被月季等。还可根据花朵大小、形态性状将其分为4类：现代月季、丰花月季、藤本月季和微型月季。

在千娇百媚的现代月季的形成历史中，中国的月季功不可没。它是由中国的月月红、小花月季与欧洲的大花蔷薇即我们今天所说的玫瑰杂交而成。五月和九月都是现代月季花期最为繁盛的阶段：丰花月季野生性较强，花朵中等密集，花期较长，从五月中旬到十月一直都能开花，因此人们也叫它"月月红"或"长春花"；藤本月季的花朵较大，枝条呈藤蔓状，可以攀缘到墙面、篱笆、门廊上，进行垂直绿化、美化；微型月季不仅植株低矮，花形也很小，一年四季均可开花，作为室内盆栽花卉较为理想。

月季色彩艳丽，花色众多，有白、黄、粉、紫、蓝、绿、橙、玫红、紫红、棕红、乳黄、金黄、墨紫、墨红……近年来，人们又通过人为加工，推出了一种"蓝色妖姬"月季，其花色是蓝色，最早来自于荷兰。它是将快成熟的白色月季切下来插入盛有蓝色染料的容器里，通过花茎将染料吸入花瓣内，这样就形成了美丽妖艳的"蓝色妖姬"。由于它的色彩十分稀缺且娇俏迷人，故身价不菲，但它还是深

受人们的追捧。

月季与菊花、唐菖蒲(剑兰)、香石竹(康乃馨)、非洲菊(扶郎花)并称为“世界五大切花”，在切花栽培中使用量极大。在园艺方面，月季多用于庭院绿化，繁殖方法主要有扦插、嫁接、芽接等。月季花香浓郁，可从中提取香精，用于食品及化妆品香料。花还可入药，有活血、散瘀之效。

月季花语

红色月季：纯洁热烈的爱，贞节、勇气。粉红色月季：初恋、优雅、高贵、感谢。橙黄色月季：富有青春气息、美丽。白色月季：尊敬、崇高、纯洁。蓝紫色月季：珍贵、珍惜。黑色月季：有个性和创意。绿白色月季：纯真、俭朴或赤子之心。

花中西施——杜鹃

灿烂如锦色鲜艳，殷红欲燃杜鹃花。

杜鹃为杜鹃花科杜鹃花属常绿或半常绿灌木，别称“映山红”“羊踯躅”“马樱花”“山石榴”“山枇杷”等。主要分布于亚洲、欧洲、北美洲和大洋洲。杜鹃位居世界三大名花之首，名列我国十大名花之六，深受各国人民的喜爱。

杜鹃花为木本花卉，花顶生、侧生或腋生，单花、少花或20余朵集成总状伞形花序。花冠显著，形似阔漏斗形，既有单瓣又有重瓣。花色十分丰富，不仅有白色、粉色、淡红、玫红、乳黄、米黄、金黄等单色，还有多种颜色组合而成的复色。在不同的自然环境中，杜鹃花的形态特征也千差万别，主要分为常绿大乔木、小乔木，常绿灌木、落叶灌木这几种。但其基本形态都是相同的：主干直立，单生或丛生。叶多

形，但不呈条形，革质或纸质，有芳香或无。杜鹃适宜生长于温暖、半阴的环境和酸性的腐殖土中。繁殖方法为扦插、高枝压条或嫁接。

中国是世界杜鹃花资源的宝库。据不完全统计，全世界杜鹃属植物约有800余种，而原产我国的就有650种。其种类之多、数量之广，没有任何一个国家能与之匹敌。在我国云南省，有“八大名花”：杜鹃、山茶、木兰、报春、百合、龙胆、兰花、绿绒蒿。其中以杜鹃的品种最为繁多，尤其是在滇西海拔2 400～4 000米的高山冷湿地带，杜鹃的种类最为丰富。黄杯杜鹃、白雪杜鹃、团花杜鹃、宽种杜鹃等多种常绿杜鹃形成密集的杜鹃花灌木丛。每当山茶花、樱花、桃花凋谢之后，这些杜鹃便开始吐露芬芳，形成连绵10多千米的“花海”奇观。可以说，世界各地栽培的杜鹃绝大多数是中国杜鹃的后代。因此，我们可以当之无愧地讲：“中国杜鹃甲天下。”

杜鹃花的生命力极强，在海拔5 000米的地方都可以看到它的身影。东鹃、毛鹃、西鹃和夏鹃是现今我国分布范围较广的几种。东鹃从日本引入，是日本石岩杜鹃的变种，并经过极其众多的杂交后演变而成的，因与西洋杜鹃相应，故称“东鹃”。东鹃的花期在春天，花开繁密，能达到“不见枝叶只见花”的情形，因此常用于园林的美化。中国原产的毛鹃俗名又叫“锦绣杜鹃”或“映山红”。每年二月至三月间，在江西、湖南、贵州一带漫山遍野都是红彤彤的“映山红”，像一群身着红裙的少女在山坡上跳着一支支热烈欢快的舞蹈，时而娇媚，时而妖娆，韵味十足，将整片山野装点得格外灿烂明媚。西鹃因其开花时间不仅限于春季，所以又称“四季杜鹃”。它是经过反复杂交培育出来的栽培品种，在这几种杜鹃中花形、花色最美，

多用于室内装饰，目前市场上的盆栽杜鹃大多属于西鹃。夏鹃开花最晚，一般在初夏的五月至六月间，花期较长，有黄、红、白、紫4种颜色。它也是杜鹃花中重瓣程度最高的一种，常用于园林栽培，也可用于盆栽。

杜鹃花的起源可追溯到距今几千万年前的白垩纪时代，它是高等植物中一个庞大的家族。杜鹃不仅能生长在云、贵、川等温暖的地方，寒冷的北国也有杜鹃的分布。在我国东北大兴安岭这片神奇的土地上，自古以来就有一位春天的使者——兴安杜鹃花。它曾见证了古老鲜卑民族的大迁徙，如今则聆听着鄂伦春人民迈向新世纪的脚步。每年春天的“兴安杜鹃观赏节”是当地人民的一大盛会。朝鲜国的国花叫“金达莱”，其实它就是兴安杜鹃花。“金达莱”在朝鲜语里的意思是“永久开放的花”，它被朝鲜人民当作长久的繁荣、喜悦与幸福的象征。南亚著名的山国尼泊尔的国花也是杜鹃花，在他们的国徽中就有一朵盛开的红杜鹃花。索玛花和格桑花分别是彝族和藏族人民十分喜爱的花，它们其实也是杜鹃花。在藏语里，格桑花是“通往幸福之路”的意思。

千百年来，人们可以经常看到文人笔下赞美花的诗句，如艳压群芳的牡

丹，传承着隐士之风的菊花，高雅的谦谦君子兰花，出淤泥而不染的荷花……但我们似乎很难见到关于杜鹃花的诗句。其实，杜鹃在百花中地位可不低，这从唐代著名诗人白居易的那句“回看桃李都无色，映得芙蓉不是花”就能看出来。白居易还将“花中西施”的雅称赠予杜鹃：“闲折两枝持在手，细看不似人间有。花中此物似西施，芙蓉芍药皆嫫母。”连芙蓉、芍药都不能与杜鹃相比，由此可见白居易对杜鹃的喜爱之情。现今，杜鹃花正以它那或枝叶扶疏、或曲若虬龙、或苍劲古雅的姿态和千变万化的花色得到了人们越来越多的喜爱。

小知识

由于杜鹃鸟的缘故，杜鹃花被染上了一层悲情色彩。关于杜鹃花和杜鹃鸟，还有一个凄美的传说。远古时蜀国国王杜宇对百姓十分关爱，他死后化为布谷鸟，也就是杜鹃鸟。每到该播种的春季，杜鹃鸟就飞来提醒老百姓“快快布谷!快快布谷!”，嘴巴都啼得流出了血，染红了漫山的杜鹃花，因此杜鹃花也就得了另一个美名“映山红”。

杜鹃鸟也是思乡思家的象征，因为它的叫声极像古汉语“胡不归”，即“为什么不归”的意思。“蜀国曾闻子规鸟，宣城还见杜鹃花。一叫一回肠一断，三春三月忆三巴。”唐代大诗人李白在异乡宣城看见杜鹃花，因而想起家乡的杜鹃鸟，触景生情，怀念故土，便写出了这首脍炙人口的诗。

花中珍品——山茶花

唯有山茶偏耐久，绿丛又放数枝红。

山茶又叫“茶花”，为原产于我国的著名花卉，在我国有很长的栽培历史，是我国传统的十大名花之一。山茶花花姿丰盈，端庄高雅，自古以来就极负盛名，它不仅有“唯有山茶殊耐久，独能深月占春风”的风骨，还有“花繁艳红，深夺晓霞”的鲜艳。17世纪山茶花被引入欧洲后，也成为深受西方人民喜爱的世界名花之一。

山茶花是常绿阔叶灌木，为山茶科山茶属植物，喜温暖湿润的气候环境，在我国江浙地区广有栽培。山茶枝条为黄褐色。叶片长4～10厘米，呈长椭圆形或卵形至

倒卵形，边缘有锯齿，叶片光滑无毛，正面深绿色有光泽。山茶花大多在二月至四月间开花，花期1个月左右，花单生或2～3朵着生于枝梢顶端或叶腋间。花形为单瓣或重瓣、半重瓣。花朵直径为5～6厘米，花瓣先端有凹或缺口，基部连生成一体而呈筒状。雄蕊多达100余枚，花丝为白色或有红晕，基部连生成筒状，集聚花心，花药呈金黄色；雌蕊发育正常，子房光滑无毛，3～4室，花柱单一，柱头3～5裂，结实率高。蒴果圆形，外壳木质化，成熟蒴果能自然开裂，散出种子。山茶花的种子为黑褐色或淡褐色，呈球形或相互挤压成多边形，有棱角和平面，种皮角质坚硬，种子富含油质，子叶肥厚。

山茶花品种繁多，共有2 000多种，可分成3大类。花色也很丰富，花朵宛如牡丹般富丽堂皇，是极佳的园林花木。在我国南方地区多用于庭院绿化，北方地区则多为室内盆栽。山茶花耐阴，适宜在酸性土壤中生长，因此将其配置于疏林边缘，生长最好。山茶花常用的繁殖方法有播种、扦插、嫁接。山茶花的花期还可人工控制，如果希望春节期间能观赏到它所绽放的美丽身姿，则可在十二月初延长光照时间和提高室内温度。一般情况下，在25℃的条件下，40

天就能开花。若需延期开花，可将苗盆放于2℃~3℃的冷室；若需“五一”开花，可提前40天加温催花。

据资料记载，在云南省昆明市近郊的太华寺院内，有一株很老的山茶树，相传为明朝初年建文帝亲手所植。昆明东郊茶花寺内也有一株高达20米的红山茶，据说为宋朝遗物，每逢春季，满树红英，十分美丽。山茶花四季常青，现在它已被定为我国重庆市的市花，正以其浓郁繁茂的枝叶鼓励着山城儿女自强不息。更为难得的是，山茶花开放于万花凋谢的冬末春初。宋代著名诗人苏轼的“说似与君君不会，灿红如火雪中开”就赞美了山茶花这种傲骨迎寒的坚韧品格。郭沫若先生也曾用“茶花一树早桃红，白朵彤云啸做中”的诗句赞美山茶花盛开时的绚丽景象。

山茶花

郭沫若

昨晚从山上回来，采了几串茨实、几簇秋楂、几枝蓓蕾着的山茶。

我把它们投插在一个铁壶里面，挂在壁间。

鲜红的楂子和嫩黄的茨实衬着浓碧的山茶叶——这是怎么也不能描画出的一种风味。

黑色的铁壶更和苔衣深厚的岩骨一样了。

今早刚从熟睡里醒来时，小小的一室中漾着一种清香的不知名的花气。

这是从什么地方吹来的呀？——原来铁壶中投插着的山茶，竟开了四朵白色的鲜花！

啊，清秋活在我壶里了！

——摘自《郭沫若散文选集》

花中仙子——荷花

出淤泥而不染，濯清涟而不妖。

荷花原产于中国，其栽培历史悠久，在3 000多年前的西周就有人种植它了。与鹅掌楸、中国水杉、北美红杉等珍稀植物一样，荷花也是地球上的“活化石”。自古以来，荷花就以卓然挺拔的身姿和洁净庄重的品性深受人们的喜爱。“小荷才露尖尖角，早有蜻蜓立上头”“应为洛神波上袜，至今莲蕊有香尘”“香远益清，亭亭净植，可远观而不可亵玩焉”……描写荷花的诗句数不胜数。荷花清新脱俗的优雅气质也受到了画家的喜爱，在我国的绘画艺术作品中，关于荷花的作品也远远多于其他花种。我国近代国画大师张大千先生更是“荷痴”，他自己就常说：“赏荷、画荷，一辈子都不会厌倦！”荷花以中国传统十大名花之一著称于世，历来都是宫廷苑囿和私家庭园的珍贵水生花卉，而在现代水景园林中，荷花也因其出淤泥而不染，迎骄阳而不惧，姿色清丽而不妖的特点备受青睐，被应用得更加广泛。

荷花为多年生水生草本植物，又名“莲花”“水芙蓉”等，亦被称为“翠盖红裳的玉面美人”。荷花品种繁多，按用途可分为藕莲、子莲和花莲3大类；按其家族可分为莲花、睡莲、王莲3大类；按花瓣的大小和形状的不同可分为单瓣型、复瓣型、重瓣型和重台型4个类型。荷花植株高约

150厘米，荷叶如盾形一般张开，最大直径可达60厘米。荷花在夏季开花，花期在六月至八月。荷花花形大、花朵秀美，最大直径可达20厘米。花色一般为红色、粉红色或白色，也有少量紫色及撒金色。莲花凋谢后，花托会膨大形成莲蓬，莲子就生于莲蓬内。

荷花喜欢温暖湿润的环境，在我国各地均有栽培。有的可供观赏，有的可生产莲藕，有的则专门生产莲子。荷花一身是宝，它的每个部分都可以食用或入药。早在秦汉时代，先民就将荷花作为滋补胜品，莲蓬、莲子心入药有清热安神之效。莲藕、莲子可食用。

荷花那出淤泥而不染的洁净品质和清香自溢的精神受到人们的喜爱，在人们心中，荷花是真善美的化身。荷花是佛教发源地印度的国花，它与佛教有着千丝万缕

的联系，被尊称为佛教的宗教花。荷花以它的圣洁来象征佛教的超脱红尘和四大皆空，以它的多年生性来象征灵魂不灭和生命轮回。

关于荷花，还有一个有趣的传说。相传王母娘娘身边有一个美貌的侍女，名叫玉姬。她看见人间男耕女织，出双入对，便动了凡心。一日玉姬偷出天宫，来到了西子湖畔，美丽的景色使她流连忘返。王母娘娘知道后便用莲花宝座把玉姬打入湖中，让她“打入淤泥，永世不得再登南天”。从此，天宫中少了一位美貌的侍女，而人间多了一种冰肌玉骨的鲜花。

小知识

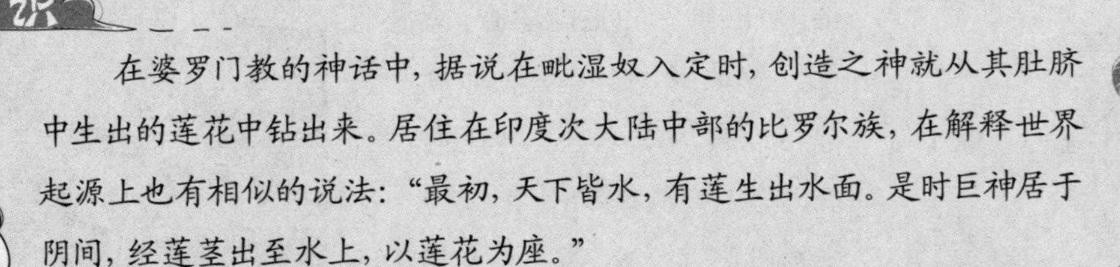

在婆罗门教的神话中，据说在毗湿奴入定时，创造之神就从其肚脐中生出的莲花中钻出来。居住在印度次大陆中部的比罗尔族，在解释世界起源上也有相似的说法：“最初，天下皆水，有莲生出水面。是时巨神居于阴间，经莲茎出至水上，以莲花为座。”

公元前3 000年的一尊头上戴着莲花的裸体女神像是已知的最早与莲有关的艺术品。它也是将莲和神结合在一起。

秋风送爽——桂花

共道幽香闻十里，绝知芳誉亘千乡。

桂花没有艳丽的色彩，也没有娇艳的风姿，却深得人们的喜爱。关于桂花的诗句，有唐代著名诗人李商隐的“昨夜西池凉露满，桂花吹断月中香”，也有宋代女诗人朱淑贞的“弹压西风擅众芳，十分秋色为伊忙。一枝淡贮书窗下，人与花心各自香”。桂花以其淡淡的色泽，缕缕的馨香，在中秋圆月的映照之下传递着人们的美好愿望。

桂花又名“九里香”，是中国的特有植物，也是我国十大传统名花之一，为木樨科常绿阔叶乔木，高可达10米。形似一把撑开的大伞，终年翠绿。树皮粗糙，叶有柄，对生，呈椭圆形，革质。花多为黄白色，腋生，呈聚伞状，花形小而香气迷人。桂花喜温暖的环境，不耐干旱、贫瘠。经过长期的人工栽培，桂花现在已形成了丰富多样的栽培品种，金桂、银桂、丹桂、月桂和四季桂是较为常见的几个品种。

金桂和银桂特性相似，气味都很浓郁，且都是一年行两次枝。三月上旬至四月下旬是枝叶发育的阶段，开花时间为九月下旬，花期可持续1个月。花一般开于当年春梢的节间，2年生枝上的花较少。但银桂花期较金桂稍迟，叶面颜色也稍浅，产量也没有金桂高。丹桂花比较少见，其花色较深，有橙黄、橙红和朱红色。丹桂在桂花中香气最浓，常被人们尊为上品。四季桂四季开花，因此也被称为“月月桂”。四季桂的香气最淡，但它的花期却是桂花中最早最长的。

我国西南部的喜马拉雅山脉一带是桂花的发源地，由于长期的引种栽培，桂花现在已经遍布世界各地，成为世界著名的花卉之一了。我国桂花栽培历史悠久，有关桂花起源的文字记载最早可追溯到2 000多年前屈原的《楚辞·九歌》：“援北斗兮酌桂浆，辛夷车兮结桂旗。”唐宋以来，吟桂更是蔚然成风。如唐代白居易的“山寺月中寻桂子”“秋月晚生丹桂实”，宋之问的“桂子月中落，天香云外飘”，宋代李清照的“何须浅碧深红色，自是花中第一流”。

桂花树以其古朴典雅、清丽飘逸的风格深受人们的喜爱。自古以来，桂花就被中国人民赋予了吉祥、友好的寓意，人们相互赠送桂花以示祝福。“折桂”“桂冠”等名词也是由此派生出来的。我国古代的科举考试是文人通往仕途的必经之路，每年农历八月是乡试举

行的时期，也是桂花飘香的季节，因此人们就把参加科举考试喻为“折桂”，还将科举考试制度与神话联系起来，称在考试中取胜为“蟾宫折桂”，用这种说法寓意中举的艰难并赞美及第者的聪敏幸运。此后“桂冠”便成为了各种特殊荣誉的代名词。

桂花香而不腻，令人陶醉。相传侨居外乡的人闻到桂花的香气，眼前就能浮现出家乡的山水。桂花使人久闻不厌，它还具有很高的经济和药用价值。将桂花制作成糕点、蜜饯、糖果等甜食，香甜可口；将其制作成桂花茶，既不失茶的风味，又带有浓郁的桂花香气。桂花、桂籽还可入药，具有散寒化痰、通气和胃、温补阳气之功效。桂花还常被用于城市及工矿区的绿化，因为它对氯气、二氧化硫、氟化氢等有害气体都具有一定的抗性，有较强的吸滞粉尘的能力。由于桂花终年常绿而且芳香四溢，因此在园林绿化中被运用得十分广泛。庭前对植两株桂花树，可体会到“金

风送香”之妙趣，将其植于亭台楼阁附近也别有一番风韵。

桂树的寿命较长，有些古树历尽沧桑变迁，直至今天还十分健壮。在陕西省南郑县的圣水寺，有一株距今2 000多年的古桂花树，据传它是汉高祖刘邦手下的萧何亲手所植。在贵州锦屏也有一棵千年以上的桂花树，被人们称为“老寿星”，它高约35米，胸径为16米，树冠覆盖400多平方米，枝繁叶茂，十分壮观。

小知识

我国有很多关于桂花的神话传说，人们常常会将桂花与月亮联系在一起。相传嫦娥仙子就住在月亮上的广寒宫，广寒宫中有一棵高1 500米余的桂花树，月亮容纳不下它，于是犯了天规的吴刚就被玉帝罚去砍伐桂花树，但神奇的是，这棵树砍一刀便长一刀，吴刚砍了几千年也没能将树砍倒。据说直到现在，每逢月明之夜，人们都还能看到吴刚在月亮上不断地砍伐桂树。

凌波仙子——水仙

借水开花自一奇，水沉为骨玉为肌。

水仙又名“落神香妃”“雪中花”“金盏银台”“玉玲珑”等，其花朵清丽，花香浓郁，叶片青翠，是冬季室内和花园里常见的陈设品，在世界上也很有名。水仙深得人们喜爱，我国在1 300多年前的唐代就有栽培。“得水能仙天与奇，寒香寂寞动冰肌。”宋代诗人刘邦直如此赞美水仙。黄庭坚也称冰清玉洁的水仙为“凌波仙子”，当代诗人艾青对水仙深情咏道：“不与百花争艳，独领淡泊幽香。”现在它也是中国的十大名花之一。

水仙是石蒜科多年生草本植物。叶片由肥大的鳞茎顶端管状鞘中抽出，只有少数几片，叶片狭长，稍低于花葶，伞房花序。水仙花多为白色，还有一些红色、黄色的栽培种，花香清雅。水仙为秋植球根花卉，早春开花并贮藏养分，夏季休眠。水仙花的栽培不同于别的花种，只要在盆中放几粒石子，再放些水，就可以绽放出美丽的花朵，这也是水仙被称为凌波仙子的原因。

水仙花种类众多，目前在全世界有800多种，主要分布在中欧、地中海沿岸和北非等地区。中国水仙在世界水仙中占有重要地位，主要有单瓣型和重瓣型2个品种。单瓣型的水仙形如盏状，所以又叫“玉台金盏”，花期约15天，花冠为青白色，黄色花萼，花味清香；重瓣型的水仙又名“百叶水仙”或“玉玲珑”，花期约20天左右，花瓣十余片卷成一簇，花冠上端淡白下端轻黄，没有明显的付冠。重瓣型的水仙花形和香气较单瓣型的都稍差。在我国，水仙花主要分布在东南沿海等温暖湿润的地区，尤其以福建漳州、厦门和上海的崇明岛最为有名。

很早以前，水仙就得到了我国人民的喜爱。传说尧帝的女儿娥皇、女英就是水仙的化身，姐妹二人同时嫁给了舜帝。舜帝南巡时驾崩，娥皇与女英悲痛不已，双双投身于湘江殉情。上天被姐妹二人的真情所感动，便将二人的魂魄化为江边的水仙，守护着一方子民，她们也成为腊月水仙的花神了。

清秀俊雅的水仙不仅能将书房、客厅装点得生机盎然。还具有一定的药用

价值，有清热解毒，散结消肿之功效。但需注意的是，水仙全草都有毒，尤其是鳞茎毒性最大，不可误食，牲畜误食会导致痉挛。

水仙在英文中是“自恋狂”的意思，这来源于古希腊的神话传说。希腊神话中有一个叫纳西塞斯的男孩，在他生下来时，就有预言说他将是天下第一美男子，但他也会因自己的容貌而死。长大后，纳西塞斯果然英俊非凡，得到了众多少女的倾心，但冷漠的纳西塞斯对少女们的痴心不屑一顾，伤透了少女们的心，于是她们请求报应女神娜米西斯来惩罚傲慢的纳西塞斯。一天，纳西塞斯打猎回来，看见了一个水清如镜的湖，他被吸引过去，看见水中有一张惊为天人的完美面孔，一下子便深深爱上了，目光再也离不开水面，最终，纳西塞斯因迷恋自己的倒影而枯坐死在了湖边。爱神怜惜纳西塞斯，把他化成水仙花，让他永远看着自己的倒影。这就是水仙花为何总长在水边的原因。

木本花卉

高贵的木本花

具有木质的花，叫作“木本花卉”。木本花卉种类繁多，大体可分为乔木花、灌木花、藤本花3大类。在被子植物中，木本花卉是植株最高大、寿命最长久的植物。木本花卉有很多其他类花卉所没有的特点，具有如下一些独特的品质：

形色奇妙

木本花的形态样式数不胜数。如单生花，仅有明显花瓣花托的就有好几千种，如果包括各种花序，仅我国就有8 000多种。还有很多树木我们都很少见，见到它们开花就更难得了。实际上许多树木并不是我们认为的那样不开花，被子植物都必须经历开花、结果的过程，才能繁荣昌盛。个别树木开的花常常让人感觉十分新奇。如接骨木的花，如一粒粒小花生一样生长在珊瑚般的嫩枝上，妙趣横生；苹菠的花则如同一个个象牙色的小花篮生在细枝的顶端，十分有趣；红千层的花盛开时如同一支支艳红的瓶刷子；还有各种葇荑花序的花，也都妙趣横生。有些花很相似，叶子却并不相同。如台湾的相思树和金合欢，花都是一簇簇的黄色小绒球，但相思树的叶子像夹竹桃，而金合欢的叶子是羽状的。类似绒球的花还有很多，千万不能混淆。

我国南方热带树林中有着让人眼花缭乱的木本花卉，辨别起来很是不易。但是只要仔细观察，就能发现它们之间的区别。如北方人常将香港特别行政区的区花洋紫荆和羊蹄甲相混淆。其实，这两种花都是苏木科羊蹄甲属植物，花形、色彩也很相近，它们的主要区别在于花和叶裂度的深浅上。洋紫荆花瓣宽、叶浅裂；羊蹄甲花瓣窄、叶深裂，呈羊蹄脚印形。近看南方凤凰花的单个花朵，还真像一只只展翅飞翔的火凤凰，但远观树冠却是一片火红。木棉花植株高大，它也开红色的花，其花朵肉质肥厚。还有一串串红色绒毛状的狗尾红，也给赏花人以奇特的感受。

丁香属灌木花，与乔木花无论是花色还是花形都有很大的不同。丁香花颜色丰富多彩，有白、粉、蓝、紫等。仔细观察还会发现，在花序上的单朵小花，有的是筒状的喇叭形，有的花瓣外翻呈舌状，有的形似一朵朵重瓣的荷花……

木本花在植物世界中形成了一个奇妙的小王国，对于很多木本花卉，我们还并没有真正了解它们，但它们却一直默默地吐露着芬芳，为这美丽多彩的世界做出自己的一份贡献。

景观优美

木本花在植物景观中有着不可估量的优势。首先是它们高大的植株，占据着空中优势，飘荡在空中的香气沁人心脾，艳丽的色彩远远就能吸引人们的视线。其次是它们的形态很适宜人们观赏，不必屈尊下俯，即可一目了然。

当我们走进公园，很容易就先被那些色彩鲜艳的木本花卉所吸引。远看如一片彩霞的杜鹃花、迷人的丁香……都能让我们流连忘返。不只灌木花，在盛春，各种大小乔木也繁花盛开，高雅洁白的白玉兰，忧郁淡蓝的泡桐，叶形奇特的鹅掌楸……它们傲然矗立在园林中，成为一个个独立优美的风景，被园林界称为“园景树”或“景观树”。

我们不仅能在春季能欣赏到木本花植物绰约多姿的美丽，在盛夏时节，它那郁郁葱葱的枝叶，也为人们提供了休闲纳凉的好去处。到了果期，木本花艳黄色的树冠也为人们增添了金秋的气息。王维曾这样称赞：“桃红复含宿雨，柳绿更带朝烟。花落家童未扫，莺啼山客犹眠。”因此可以说，木本花是园林景观的主体。如果少了木本花，世上便少了一种独特的美景。

入乡随俗

木本植物的适应能力极强，几乎在地球上的任何地方都可以生存。不管环境有多恶劣，只要条件适宜，它们就能成活。比如香花槐，原生长于江南亚热带地区，现在已落户在四季分明的北京。而北方的垂柳，也使杭州西湖的初春的堤岸显得更加生机盎然。树木在郊野和农村是按自然规律生长的，树形优美自然；而城市的景观树木则有了人为的痕迹。但不论是自然的还是人工的，树木按季节开花的规律却是不变的。

品质优良

在人工栽培中，木本植物很容易按照人为的意愿生长，在我国深圳锦绣中华园就有很多这样的例子。如为了配合人工造景，可以将一棵原本能长5米高的树压缩成1米的高度，让其成为景点中的小树。这种控制树木高度的做法在园林景观中常被采用。

其实，只要给木本植物一点关爱，它就会成倍地报答你。北京有位酷爱花卉的中学老师，在自家院子里种植了很多花草树木。后来遇上拆迁，他忍痛舍弃了那些花草，只是花钱请人将一株成年的石榴树移植到了新居。次年，石榴树花繁叶茂，并结出了很多鲜美的果实，以报答主人。在湖南还有一位园林工程师，为了创造栽培奇迹，将各种不同季节的花嫁接在3种不同的树木上：梅花和樱花嫁接在桃树上；木莲和广玉兰嫁接在玉兰树上；油茶嫁接在山茶树上。通过精心培育，3棵树上的8种花竟然都开了，并且花期长达3个多月，观赏效果大大提高。可见，木本植物的

品质极其优良。只要有专家的精心培育和设计人员的大胆实践，相信今后会出现更多的园艺奇迹。

无私奉献

如果仔细留意就会发现，在我们日常生活中，到处都有木本花植物与人类亲密关系的故事。木本植物为我们人类所做的贡献是无法磨灭的。我们每天呼吸的新鲜空气，就是树木吸收了我们人类呼出的二氧化碳，通过光合作用后释放出的氧气。据国家林业科研部门研究测定，一个成年人每天要排放1千克的二氧化碳，消耗0.75千克的氧气。假如一棵占地10平方米的成年大树，在每天进行光合作用制造有机物的过程中，吸收1~2千克二氧化碳，放出1千克氧气，就与人们的需要成正比了。因此，也可以说，树木是和人类同呼吸共命运的。

尽管木本花树木与人类有着千丝万缕的联系，然而近年来，由于经济利益的驱使，这些植物已惨遭人类无情的破坏。人们打着开发的旗号，砍倒了一片又一片的树林，在那些树桩上盖起了一幢又一幢闲置无用的高楼大厦。或者将自然林地改造为人工草坪，开辟为高尔夫球场。森林被破坏殆尽，植物种类越来越少……到现在，人与自然之间不平衡的现象仍在一幕幕上演着。美丽芬芳的花朵给我们带来了那么多美的享受，让我们的生活变得更加缤纷多彩，为什么我们就不能还它们一个宁静自由的生长环境，让它们更好地绽放自身的美丽，也使我们人类得到更好的发展呢？如果不好好保护树木，让这些开花的树木任人毁灭，人类面临的结局也是可想而知的。

报春的腊梅

寒意料峭的早春时分，大多数树木还只有光秃秃的树枝，瑟缩着不敢开花，而这时腊梅却凌寒而放，那金黄的花朵向人们昭示着春的气息。

腊梅是腊梅科腊梅属落叶大灌木，丛生，植株高可达5米。发达的根茎部呈块状，在江南被称作“蜡盘”。小枝呈四棱形，老枝近圆柱形。叶对生，近革质，呈长椭圆形，全缘，表面绿色而粗糙，背面灰色而光滑。花朵呈黄色有光泽，似蜡质，单生于枝条两侧，花期在隆冬腊月，有浓郁的香气。成熟时花托发育成蒴果状，口部收缩，内含数粒种子，成熟时为茶褐色。经过加工的腊梅花是名贵药材，有解毒生津之效。

腊梅花期早、花香浓，其“挺秀色于冰途，历贞心于寒道”的高尚品格历来受

到文人墨客的青睐，因此留下了许多脍炙人口的佳作。有宋代黄庭坚的“金蓓锁春寒，恼人香未展。虽无桃李颜，风味极不浅”，南宋谢翔的“冷艳清香受雪知，雨中谁把蜡为衣。蜜房做就花枝色，留得寒蜂宿不归”，还有“枝横碧玉天然瘦，蕾破黄金分外香”，“破腊惊春意，凌寒试晓妆”等流传已久、意境优美的咏梅佳句。

腊梅的香是出了名的。“夜闻梅香失醉眠”“暗香著人欲袭骨”“熏我欲醉须人扶”等诗句就足以说明腊梅的香是多么的沁人心脾。腊梅还可制成香精，在国际市场上，腊梅香精比黄金还要珍贵。

20世纪80年代初，中美植物学家联合考察队在神农架发现了多种腊梅的原始群落。之后，在大巴山地区，即汉江支流任河谷地以东，湖北、重庆、陕西的交界地带，发现了很多著名的观赏品种，如檀香腊梅、荷花腊梅、素心腊梅等，且分布面积都在1万平方千米以上。这里的腊梅还有很多原种和变种，以至于后来这里被植物学家命名为“腊梅的故乡”。

腊梅品种繁多，较为著名的观赏腊梅主要有如下几种：素心腊梅，是腊梅中的珍品，花朵较小，香味却最为浓

郁。在清康熙年间，河南鄢陵的素心腊梅就十分著名，有“冠天下”的美誉，还被当作贡品运往京城；馨口腊梅，花朵较大，形似馨口，花瓣圆形。还有盛开时外形酷似荷花的荷花腊梅，花瓣大而圆尖，主产于松江流域；檀香腊梅，也属腊梅珍品，花朵较磬口腊梅密且香味更浓郁；狗蝇腊梅，花小色淡，花瓣基部有紫红色，为野生种类，抗逆性强，多用作繁殖腊梅的砧木。

小知识

河南鄢陵的黄梅十分著名，古有“姚家黄梅冠鄢陵”“鄢陵黄梅冠天下”之说。在这里还有一个关于黄梅的传说。据说在很久以前，鄢陵的黄梅是没有香味的。春秋战国时，鄢陵国王酷爱梅花。为此，他下令让国内的花匠想办法使黄梅在1个月内吐香，否则将朝廷的花匠全部杀死。正在花匠们束手无策之际，不知从何处来了一个老乞丐，他将一枝臭梅送给了一个姓姚的花匠，并让他将臭梅与黄梅嫁接即可吐香。姚姓花匠照办，黄梅果然吐出了芬芳。此后，鄢陵的腊梅便香冠群芳，直到现在，河南鄢陵县城还有百年以上的腊梅树。

女郎花——玉兰

玉兰属木兰科落叶小乔木，又名“白玉兰”“应春花”“望春花”等。玉兰树高可达15米，小枝呈淡灰色，嫩枝及芽外披黄色短柔毛。叶互生，长10～15厘米，呈倒卵形或倒卵状长圆形，基部呈楔形或阔楔形。玉兰先花后叶，花形较大，花朵洁白如玉，有香气，花期10天左右，花含芳香油，是提制香精的原料，还可薰茶或食用。聚合果，种子呈心形，为黑色。果实能提炼工业用油，花蕾和树皮可入药。

玉兰是我国的著名花木，在我国已有2 500年左右的栽培历史，性喜阳光和温暖的气候，主要分布在我国中部及西南地区，是早春重要的观赏花木。玉兰从树形到花形都很优美，每到花期，仿佛片片飘浮的白云，十分美丽。

玉兰清新可人的气质也受到了历代文人墨客的喜爱，吟咏玉兰的佳作颇多。最早的应该算是屈原《离骚》中的“朝饮木兰之坠露兮，夕餐秋菊之落英”。明代“苏州四才子”之一的文征明不但在《玉兰》一诗中称赞它：“绰约新妆玉有辉，素娥千队雪成围。我知姑射真仙子，天遣霓裳试羽衣。影落空阶初月冷，香生别院晚风微。玉环飞燕元相敌，笑比江梅不恨肥。”还将自己的画室取名为“玉兰堂”。玉兰还具有坚韧不拔、凌霜傲雪的英雄气概，唐代诗人白居易将玉兰比作替父从军的花木兰：“腻如玉脂涂朱粉，光似金刀剪紫霞，从此时时春梦里，应添一树女郎花。”因为这首以花喻人的诗，玉兰从此又被叫作“女郎花”了。

玉兰在17世纪末至18世纪初传至美洲和欧洲，受到了当地人们的热烈追捧。一些种有玉兰的花园经常被盗贼们光顾。英国柯林兹的奇卉园就曾两次被盗，园中的玉兰被洗劫一空。此事一时间轰动了英国乃至欧洲，甚至有报纸呼吁议会专门制定相关法律以禁绝盗窃玉兰的行为，由此可见人们对玉兰的重视。

在我国，玉兰寓意吉祥富贵。“玉兰富贵图”一直是中国画的一个传统题材。在民间，手工艺人还以玉兰为原型制作出栩栩如生的羊脂白玉盆景。玉兰以其素净淡雅、洁身自爱的品质赢得了上海市民的青睐，在百花中将其选为上海市市花。

玉兰寿命很长，有的甚至可达数百年。北京颐和园乐寿堂前有2株相传为1750年所植的玉兰树，是乾隆年间清漪园的遗物。在八国联军侵华时，清漪园被毁，这2株玉兰幸得保存。至今，每年春天，这2株玉兰还在向游人吐露着它们的芬芳。

据植物学家分析，木兰科是最原始的被子植物家族之一。全世界有250多种，我国则有100余种，其中很多是珍稀濒危树种。在我国公布的第一批国家重点保护植物中，就有木兰科植物20多种，居被子植物之首。

木兰科中还有许多植物都与玉兰相似，如形似荷花的荷花玉兰，它与玉兰同科同属。不同的是，荷花玉兰是常绿乔木，原产于北美，到19世纪末才引入我国，极具观赏价值。

如云似雾的樱花

每年四月至五月是樱花盛开的时节。漫山遍野的樱花极为壮观，远远望去如云似雾一般，迷蒙中带着别样的美丽。幽香艳丽的樱花是早春重要的观赏树种，常群植于园林或山坡、庭院、路边、建筑物前。那满树芳华，落英缤纷的美丽景象总能吸引不少游客前去观赏。

樱花是蔷薇科落叶乔木，树高5~25

米。树皮为暗栗褐色，光滑而有光泽，具横纹。小枝无毛。叶呈卵形至卵状椭圆形，先端尾状，边缘具芒齿，两面无毛，背面为苍白色，幼叶呈淡绿褐色。伞房状或总状花序。花为白色或淡粉红色。

樱花被人们赋予了热烈、纯洁、高尚的寓意，深受世界各国人民的喜爱，其中又以日本人最为执着。日本素有“樱花之国”的美称，全世界共有800余种樱花，仅日本就占去了1/2。日本人还将樱花尊为国花，在日本的古语中，常用“樱时”这个词来表示春天。每年樱花由南往北依次盛开的时候，日本各地都会举办大大小小的“樱花祭”，人们穿上文雅端庄的和服，邀上三五亲朋好友，一起在樱花树下边赏樱、边开怀畅饮。“京城官庶九千九，九千九百人樱流”说的便是日本人民的这一节日盛会。在日本人的日常生活中，到处都能见到樱花的倩影，如建筑、服饰甚至杯盘碗筷上都有樱花的装饰图案。

周恩来总理青年时代曾留学日本，他也十分喜爱樱花，他的很多诗作都是赞美樱花的。如《雨后岚》中的“山中雨过云愈暗，渐近黄昏；万绿中拥出一丝樱，淡红娇嫩，惹得人心醉”。《春日偶成》中的“樱花红陌上，柳叶绿池边。燕子声声里，相思又一年”，将樱花描写得格外迷人。周总理生前在自己所住的院子里也栽了2株樱花。

在日本，樱花被分为野生的山樱和里樱两大类。按照花瓣的类型分为5个花瓣的单层花、半重瓣、重瓣、60个花瓣以上的菊瓣和300多个花瓣的菊筒瓣。单层花大山樱、彼岸樱和重瓣八重樱等比较常见，在日本最有名的是重瓣的染井吉野樱。

小知识

北京的玉渊潭公园每到春季，满园樱花盛开，烂漫至极，是北京市民观赏樱花的必去之地。1972年，日本前首相田中角荣访问我国，为表示友好，特地赠送给我国1 000棵樱树苗，其中180棵就种在了玉渊潭公园。虽然30多年过去了，这些樱花依然繁花似锦。

中国“桃花文化”

桃花为蔷薇科李属的落叶乔木，树高4~7米。灰褐色的树干粗糙有孔。叶呈椭圆状披针形，边缘有细锯齿。花期在三月，花单生，5瓣，花多为粉红色，变种也有白、深红、绯红、红白混杂等色，重瓣或半重瓣。桃花是中国传统的园林花木，其树态优美，枝干扶疏，花朵丰腴，色彩艳丽，是早春重要的观赏树种。在桃花盛开的时节，如果你走进桃林，眼前霎时一片霞光映照，恍惚间似神游于太虚幻境。

《诗经》中就有描写桃花的诗句：“桃之夭夭，灼灼其华。”不由得让人脑海中浮现出在春光明媚的日子里那满树繁花似锦的美丽景象。也说明了桃花历史悠久，早在3 000多年前就已装点着中华大地了。我国劳动人民早在2 000多年前就懂得运用桃花的物候来表达季节时令了，这从《礼记·月令》里的“仲春之月，桃始华”这一句就能看出来。古农书《齐民要术》还记载了桃的栽培方法。作为桃花原产地的中国，有关桃花的历史可谓源远流长。

中国人历来都有股“桃花情结”。桃花的娇俏美丽，受到了历代文人们的深深喜爱。中国的“桃花文化”博大精深，有关桃花的诗词歌赋、绘画、典故历朝历代层出不穷。桃花也常常被用来点缀与渲染古诗文中那些描写春景、女子、爱情的场景。桃花作为中国文化中的一种重要物象，包含着6个方面的文化意蕴。

第一，桃花象征着春天。“竹外桃花三两枝，春江水暖鸭先知”，竹林外那三两枝桃花最先向人们昭示了春的暖意。“桃红柳绿又见春”也预示了春天的来临。还有唐代周朴的“桃花春色暖先开，明媚谁人不看来”。

第二，桃花象征着美人和美丽的爱情。古时候，桃花似乎总是与美人如影随形，美人那含羞带嗔、一颦一笑的风情与红润娇艳的桃花极为相似。传说唐明皇和杨贵妃都很喜欢桃花，在御花园里种了上千株，每到盛开时节，唐明皇都会亲自摘下几朵桃花插在杨贵妃的头上，说“此花最能助娇态”。还有很多与桃花相关的名词：“人面桃花”的故事打动了很多人，勾起了人们对纯真恋情的向往；我们还常常会用“桃花运”来开玩笑，其实“桃花运”也带有某种浪漫的冒险精神。

桃花大多是粉色，相信很多女性都有粉色情结吧。色彩学上粉色代表了少女的甜美、浪漫与性感，它不同于热烈的红色、耀眼的黄色、忧郁的蓝色、张扬的绿色、庄重的黑色或者纯洁的白色和高贵的紫色。粉色无疑是最适合女性的颜色，代表了女性心中那个甜美的公主梦。

第三，桃花有时候也寄寓了人生的别离与愁苦。“桃花流水”的场景含有浓烈的悲情成分。是啊，即便是刹那间惊天动地的光华，最终也只得随雨打风吹去。唐

代“诗鬼”李贺的“况是青春日将暮，桃花乱落如红雨”其实也隐喻了他怀才不遇的落寞心境。英年早逝的李贺就像这乱落如红雨的桃花一般随风飘去。在中国古典文学里，诸如相思之苦、失亲之痛、离别之恨，甚至兴亡之叹，往往都需借助桃花以达到比兴和抒情的效果。

第四，由于桃和李的适应性强，分布范围十分广泛。“桃李不言，下自成蹊”即源于此，后人还用“桃李满天下”“桃李满园”来形容某人学生多。

第五，我国还有很多关于桃花的神话传说。桃花盛开时，桃园里的芳华烂漫营造出仙境般的迷离。与佛教、道家理想圣地的清净与超凡相似，桃花深处有仙人出没的神话传说也满足了中国人的合理想象。“溪上桃花无数，枝上有黄鹂。我欲穿花寻路，直入白云深处，浩气展虹霓。只恐花深里，红露显人衣”，黄庭坚的《水调歌头》就描绘了这样一个桃花掩映、红露显人的神仙境界。“世外桃源”是人们历来所向往的一个美好的世外仙境，它是东晋文人陶渊明在《桃花源记》中描绘的一个与世隔绝的理想世界。在这个没有灾祸、没有纷争，宛若诗画般的“世外桃源”，人们过着和平、宁静、幸福的生活。“桃

源”也成为退隐避世的最佳场所。金庸的武侠名作《射雕英雄传》里也有一个桃花岛，它是东邪黄药师的居住地。现实中的桃花岛地处东海环抱之中的舟山群岛，在一代武侠小说宗师的文化影响下，这里现在已名扬天下，也算是“文因景成，景借文传”。

最后，桃的果实桃子还是长寿的象征。中国人有一个传统的习俗，老人过寿时，年轻的后辈都会送上“寿星桃”以祝福老人家长命百岁。

文学作品中描写爱情往往都离不了桃花，不论是热恋的狂喜还是失恋的哀恸，都喜欢用桃花盛开时的繁盛和衰败的颓靡来表达。如刘禹锡的《竹枝词》：“山桃红花满上头，蜀江春水拍山流。花红易衰似郎意，水流无限似侬愁。”运用山中红桃花和一江春水将一个热恋中少女甜蜜忧愁的微妙心理烘托得细腻传神。南宋诗人陆游和表妹唐琬爱得缠绵悱恻，却不得不分开。一首哀怨绵绵的《钗头凤》：“桃花落，闲池阁。山盟虽在，锦书难托。莫、莫、莫。”将这种失意的愁绪表现得淋漓尽致。诗人通过桃花的凋零来比喻好景不长，欢情难再，读起来感人至深。《红楼梦》中“黛玉葬花”的桥段我们都很熟悉，而她所葬的正是桃花。《桃花扇》

是中国古典四大悲剧之一，说的是忠贞高洁的秦淮名伶李香君，为了捍卫爱情，不惜“以死撞壁，血溅扇面，经人数笔点缀成桃花”，最后却“扇破花销”。自此，伊人常伴青灯古刹，国事家事终成空幻。古往今来，桃花不知承受了多少文人的欢笑和泪水。

在湘南地区，一直都有“服三树桃花尽，面如桃花”之说。关于桃花可以娇美容颜的说法最早源自《史略》：北宋卢士琛的妻子崔氏很有才干，她常在春日里用桃花和雪水替小儿洗脸，还随口唱道：“取红花，取白雪，与儿洗面作光悦；取白雪，取红花，与儿洗面作妍华。”后来，不少人效仿她的这种做法，关于桃花美容的说法也一直流传至今。

小知识

“人面桃花”的故事千百年来被后人广为传颂，这个故事还颇具传奇色彩。话说一日，崔护郊游至一个小村庄，口渴难耐，便敲开一户人家的门。一位面容姣美的姑娘给他盛了碗水后，便倚在那开得正艳的桃树旁看他喝水，人面桃花交相辉映，真是美极了。崔护看得爱意萌生，但因萍水相逢，喝完水后只得怅然离去。第二年春天桃花盛开的时节，崔护又寻迹来到这里，却不见姑娘身影，便在门上题诗：“去年今日此门中，人面桃花相映红。人面不知何处去，桃花依旧笑春风。”时隔数日，崔护又来到这里，却得知那姑娘见到题诗之后因思念成疾郁郁而终。崔护悲悔至极，在尸体旁恸哭。谁知那姑娘竟然复活过来，两人便结为夫妻。人面桃花的故事也自此流传下来。

和美的象征——紫荆

紫荆为豆科紫荆属落叶乔木或灌木，又名“紫珠”“满条红”。单叶互生，叶片呈心形，圆整而有光泽，全缘，叶脉掌状，有叶柄，托叶小，早落。花期在四月至五月，花朵小而密集，花为紫红色，先花后叶。紫荆花开时，那满树的紫色小花团将树干枝条团团缠绕，远看犹如一片紫霞飘浮在云端，甚为美丽壮观。

紫荆原产于我国，主要分布在湖北西部，辽宁南部、广西、河南、陕西、广东、四川等地也分布较广。紫荆的适应能力很强，喜光，比较耐寒耐旱。繁殖方法主要有播种、分株、扦插、压条等方法，以播种为主。紫荆是常见的园林花木，历来被广泛地栽植于庭院和园林中，尤其是与常绿树配置，花与叶相映成趣，别有一番风情。不仅能装点园林，紫荆的树皮和花梗还可入药，有清热凉血、祛风解毒、活血通经、消肿止痛等功效。种子制成农药还能驱杀害虫。紫荆树的木材纹理直、结构细，是上等的家具、建筑用材。

在中国，紫荆一直以来象征着家庭和美、骨肉难分。“三荆欢同株，四鸟悲异林”，晋代陆机的诗就讲述了兄弟分而复合的故事。而这个故事最完整的版本应当

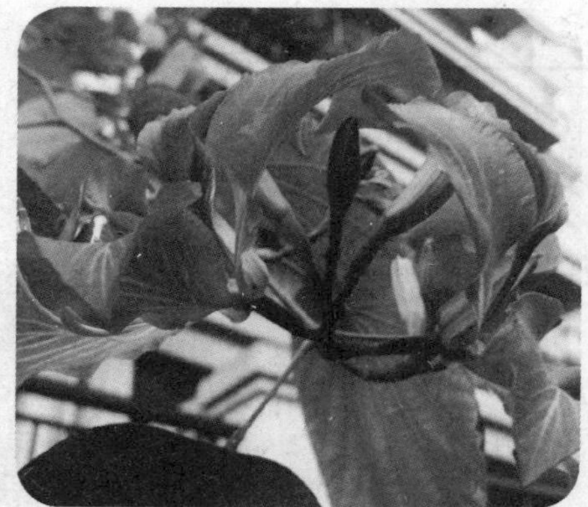

是在梁代吴钧的《续齐谐记》中。话说临安一户田姓人家有三兄弟，父母死后，三兄弟决定分家。他们将所有家产平均分成三份，就连院中的紫荆树也准备砍倒分掉。第二天，当三兄弟去砍树的时候，却惊奇地发现，院中的紫荆树竟然在一夜之间枯死了。见此情景，大哥十分悲痛，便对两个弟弟说："紫荆树宁可枯死也不愿一分为三，我们兄弟三人难道连树木都不如吗？"于是兄弟三人决定不再砍树分家了。后来，那棵紫荆树竟又复活过来，而且更加枝繁叶茂了。因此，紫荆树被人们称为"团结树"，紫荆花被称为"兄弟花"。

由于紫荆花常被用来比拟亲情，因此很多诗人都用紫荆花来表达自己思念亲人、思念故乡的情怀。如唐代诗人杜甫的《得舍弟消息》："风吹紫荆树，色与春庭暮。花落辞故枝，风回返无处。骨肉恩书重，漂泊难相遇。犹有泪成河，经天复东注。"飘落的紫荆花让诗人联想到自身遭遇，睹物思人，昔日朝夕相伴的手足情深像没有归处的落花一样一去不复返了。紫荆树还被叫作"乡情树"，这来源于唐代诗人韦应物的《见紫荆花》："杂英纷已积，含芳独暮春。还如故园树，忽忆故园人。"

幸福花——丁香

每年五月至六月间，丁香花盛开，那一团团、一簇簇的丁香拥在一起，显得格外娇艳。宜人的清香也让不少人陶醉其间。

丁香是木樨科丁香属落叶灌木或小乔木。因花筒细长如钉且芬芳怡人，故得名“丁香”，又名“情客”“百结”等。丁香花期在四月至五月，花朵小而繁茂，花香淡雅，花为白色、紫色、紫红色或蓝色等。顶生或侧生圆锥花序，花序很大。

丁香全属约有30种，原产于我国的有25种，主要分布在华北、东北、西北直至西藏等地。比较常见的主要有紫丁香、荷花丁香、北京丁香、小叶丁香、西洋丁香、花叶丁香6种。紫丁香花期在四月，花色紫红或紫蓝；荷花丁香花期在六月下旬，花色洁白且花香浓郁；北京丁香现为北京市少有的观花乔木之一，花期在七月上旬，花为黄白色；小叶丁香花序短小，花期在六月，花为淡紫红色；西洋丁香有重瓣，花色有白、淡紫、淡蓝等品种；花叶丁香叶披针形，有时3裂或成羽裂，花

期在5月，花为淡紫色。

丁香栽培简易，且雅俗共赏，是著名的庭院花木，我国早在宋代就用丁香来装点庭院园林了。由于中国古代园林讲究用“障眼法”演绎景随步移的园林意境，因此宋代园林中的“丁香障”便将丁香密植于土岗或园林，形成类似于屏障的东西，造成“山重水复疑无路，柳暗花明又一村”的效果。明清时，这种方法更被运用到了极致，无论是在皇家园林还是在私人庭院，到处都可以见到用丁香点缀的山石、角隅和道路。

丁香还具有很高的经济价值，它是一种名贵的香料。很多食品、香烟的配料都是从丁香花中所提取的芳香油制成的，一些高级化妆品中的主要原料也含这种芳香油。丁香花还可做药材，它是牙科药物中不可缺少的防腐镇痛剂。丁香那含苞待

放的花蕾也可作为商品。

丁香在我国文学作品中，总是跟忧伤惆怅的爱情联系在一起。这是因为丁香花盛开时，正值春雨绵绵的时节，阵阵幽香伴随着丝丝细雨，总能勾起人们的无限感伤和思念。不只是中国人，欧洲的德国人也十分喜爱丁香。丁香花盛开时，人们都会将它摘下来，自制成花束、花篮相互赠送，以表达美好的祝愿。甚至还有许多人家将丁香制成十字架形状挂在墙上，并认为这样可以驱邪纳福。

非洲东部的坦桑尼亚，有一个叫“奔巴岛”的小岛，被人们称为“世界上最香的地方”。原来，在这个面积不过980平方千米的小岛上，却生长着360万株丁香树。每年丁香盛开的季节，清香四溢，令人沉醉不已，真是名副其实的“丁香岛”啊！桑给巴尔岛是奔巴岛的“姊妹岛”，它也有100万株丁香树。这两个小岛上所产的丁香总量占国际市场的80%，丁香因而成了当地政府出口创汇的主要产业，政府总收入的96%以上都是丁香的产值，难怪当地居民也把丁香树称作“摇钱树”了。正是因为如此，丁香花被坦桑尼亚尊为国花。但需注意的是，坦桑尼亚丁香与中国丁香并不是同一种植物，它是桃金娘科常绿乔木，原产于印度尼西亚的马鲁吉群岛，因此我们又将其称为“洋丁香”。

小知识

丁香的花瓣一般为4瓣，因此人们认为，5瓣以上的丁香就是幸福花，而3瓣的丁香花则是不幸的象征。各种颜色的丁香花中，紫色的幸福花最灵，人们偶尔得到，便如获至宝，或将它送给爱人，或将它夹在书里，祈求好运能够常伴左右。甚至还有人将紫色的幸福花吞下，据说这样不仅可以得到幸福，还能延年益寿。

花中神仙——海棠

中国古人将凌寒傲放的梅花称为“国魂”；将国色天香的牡丹称为“国花”；将艳美高雅的海棠花称为“花中神仙”。三者素有“春花三杰”的美誉。而仿佛绝代佳人的海棠却又因其别具一格的气质而显得十分特别。早春时，海棠的花蕾呈深红色，盛开后褪为淡红色，正合了“淡妆浓抹总相宜”这句诗。其身姿绰约，“依依如有意，脉脉不得遇”，真不愧“花中神仙”的美名。

海棠在我国有着悠久的栽培历史。目前，中国境内约有20多个品种，且多为观赏类。如习称“海棠四品”的西府海棠、贴梗海棠、垂丝海棠、木瓜海棠都是比较有名的观赏类海棠。它们都是木本植物，但同科不同属。

西府海棠是蔷薇科苹果属落叶灌木或小乔木，别名“海红”“子母海棠”。高3~5米，幼枝有短柔毛，老皮平滑，呈紫褐色或暗褐色，叶长5~11厘米，宽2~4厘

米，呈长椭圆形，先端渐尖，茎部楔形，边缘有锯齿，叶柄细长2~3.5厘米，花期三月至四月，伞形总状花序，花重瓣，淡红色，直径约4厘米，生于小枝顶端，梨果球状，直径为1.5厘米。西府海棠耐寒性强，性喜阳光，耐干旱，忌渍水，在干燥地带生长良好。原产于我国华北、华东等地。

贴梗海棠是蔷薇科木瓜属落叶灌木，别名"铁杆海棠""铁脚海棠"。株高1~2米。枝直立而开展，有刺无毛，单叶互生，长卵形至椭圆形，叶缘有尖锯齿，托叶很大，肾形或半圆形，无叶柄，似抱茎，花期三月至四月，花单生或数朵簇生于二年生枝条的内部，花梗贴枝而生，极短，花色为猩红、粉红间乳白色，先于叶或与叶同时开放，萼片直立，果实为球形或卵形，呈黄色或黄绿色，紧贴在枝条上生长而看不到果梗，有芳香，十月份果实成熟。

垂丝海棠是蔷薇科苹果属落叶灌木或小乔木，又名"锦带花"。常见的垂丝海棠有2种：一为重瓣垂丝海棠，花为重瓣；一为白花垂丝海棠，花近白色，小而梗短。垂丝海棠树姿婆娑，花色粉红，花4~7朵聚生为一簇，形似樱花，花瓣5枚以上，朵朵弯垂，色艳韵美，绰约动人。在我国华东、中南、西南部均有分布，以四川最多。

木瓜海棠是蔷薇科木瓜属落叶小灌木，又名"木瓜花"或"木李"。株高可达7米，枝有小针刺，多枝杈，为褐色，叶呈广卵形，顶端钝或微尖，边缘有圆锯齿，花期为四月，花朵簇生，先花后叶，花色艳丽，有红、橙、白、粉等，单瓣或重瓣，花后结球形或梨形果，成熟后香气宜人。

人们常说的秋海棠与上述海棠则不是一个种类，它属于秋海棠科，是一种草本盆栽花卉。还有一种吊钟海棠也叫"倒挂金钟"，属于柳叶菜科，是介于木本和草本之间的亚灌木，更不能与这些海棠相混淆。

海棠比梅花更加丰满，

比桃花更加淡雅，特别是开花时那含苞欲放的姿态犹如俯首掩面的害羞的姑娘，在绿叶的掩映下显得格外娇俏，古代文人因而对海棠的评价甚高。“若使海棠根可移，扬州芍药应羞死。”南宋诗人陆游这样赞美海棠，认为连雍容华贵的扬州芍药都比不上它，可见其对海棠的痴迷程度。宋代刘子翠也写下了：“幽姿淑态弄春晴，梅借风流柳借轻……几经夜雨香犹在，染尽胭脂画不成……”形容海棠似娴静的淑女，集梅、柳优点于一身，妩媚动人。

雨后，海棠更加花艳姿妖，美丽动人，即使是能工巧匠也无法描摹出其精髓。美中不足的是，海棠艳而无香。宋代刘渊材曾说海棠无香是他平生“五大憾事”之一，因此，当他听说四川昌州有种海棠有独特的幽香时，十分兴奋，将昌州称为“佳郡”，直至现在，昌州都有“海棠香园”的美称。“鲫鱼多刺、海棠无香、红楼未完”是近代女作家张爱玲认为的人生“三大恨事”。由此可见，中国文人对尽善尽美的追求就浓缩在了这小小的海棠上，生怕一丝一毫的缺憾破坏了它在心中的完美形象。

小知识

海棠还有个别名叫“睡美人”，关于这个美丽的名字还有一段浪漫的传闻。话说唐明皇在沉香亭赏花时，美丽的海棠让他想起杨贵妃的娇容，便欲召贵妃一起来赏这美景。谁知此时贵妃醉酒未醒，无奈之下，高力士只能将贵妃扶至皇上面前。唐明皇看见沉睡中的美人不由得哈哈大笑道：“岂妃子醉，直海棠春睡耳!”这一妙喻一直流传至今。

夫妻和睦的象征——石榴花

盛夏时节，石榴花盛开，那满树繁花似锦，灿若朝霞。元代张弘范有诗《榴花》："猩红敢教染绛囊，绿云堆里润生香。游蜂错认枝头火，忙驾熏风过短墙。"鲜红的榴花在一片绿叶的映衬下开得正艳，散发出阵阵清香，引得采蜜的蜂儿闻香而来。但一看见那满树猩红如血的鲜花，竟误以为枝头着火了，吓得慌忙乘风逃至墙的另一边了，真是妙趣横生！唐代大诗人杜牧在《山石榴》一诗中说："一朵佳人玉钗上，只疑烧却翠云鬟。"意思是说一位娉婷的少女在发髻上插满了鲜红的石榴花，风姿绰约，光彩照人。只是担心美人的发髻会不会被那似火的榴花给烧坏呢？

石榴属安石榴科落叶灌木或乔木，古名"安石榴"。据《群芳谱》载，西汉时张骞出使西域，在安石国发现了一种籽实众多的果品，便将其带中原，并以"安石"二字为之取名，也就是我们今天所说的"石榴"。石榴的品种主要有玛瑙石榴、粉皮石榴、青皮石榴、玉石子等。花色有红、白、黄3种，花瓣有多瓣和单瓣之分，但只有单瓣的结实。深秋，石榴果实成熟，皮色鲜红或粉红，果皮绽裂，一排排如宝石般晶莹剔透的籽粒外露，酸甜多汁，馨香流溢，令人回味无穷。唐人段成式在《酉阳杂俎》中称之为“天浆”。

因果实中籽实众多，所以自古以来，石榴就被人们当作子孙昌盛的象征。据《北史·魏收传》记载，北齐李祖收的女儿嫁给安德王高延宗为妃，高延宗前往李家赴宴。席间，李妻宋氏献上了两个石榴，祝延宗夫妻子孙满堂。此后，这个习俗一直在民间广为流传。特别是在男女成婚时，人们都会送上石榴以表祝福。

中国有三大吉祥果：石榴、桃子、佛手。人们常用这3种水果表示祝福多子、多寿和多福。在世界其他地方，石榴也是多子的象征。希腊神话中天帝宙斯的妻赫拉是主管婚姻和生育的女神，她的形象是右手握权杖，左手执石榴。

在我国，石榴常被文人墨客比作淑女，并用“拜倒在石榴裙下”来比喻男子对女子的倾慕与追求。这个比喻还源自一个有趣的历史典故。传说，杨贵妃十分喜爱石榴花，常爱穿绣满石榴花的彩裙。为讨爱妃欢心，唐明皇在华清池西绣岭、王母祠等地栽种了很多石榴，每逢榴花盛开的季节，他都会在火红的石榴丛中设酒宴。饮酒后的杨贵妃显得格外娇媚，唐明皇还常将贵妃的粉颈红云与石榴花相比。由于过分宠爱杨贵妃，唐明皇荒废朝政，引起大臣不满，于是大臣都迁怒于贵妃，见到她都拒绝给她行礼。

一日，唐明皇设宴招待群臣，邀贵妃献舞助兴。贵妃对皇上说：“这些臣子大多对臣妾侧目而视，不恭敬，不施礼，我不愿为他们献舞。”唐明皇听后，立即下令文武百官，见了贵妃一律施礼，否则以欺君之罪处

罚。众大臣无奈，此后，凡是见到杨玉环身着石榴裙走来，便纷纷下跪行礼。于是“拜倒在石榴裙下”这个典故就流传开来。

从功用上，我们可以将石榴分为两大类：果榴和花榴。花榴专供观赏用；果榴不但能观赏，还可以食用。我国陕西的临潼石榴果大籽多，是果榴中较为著名的品种。还有云南的青壳石榴、四川的青皮石榴、山东枣庄的软籽石榴、安徽怀远的白籽糖石榴、广西的胭脂红石榴以及陕西杨凌近年推出的大果黑籽甜石榴等等，都是一些十分优良的品种。

石榴不但美味可口，营养丰富，还具有药用功能。据历代医学家及中医临床经验证明，石榴具有生津化食、抗胃酸过多、软化血管、止泻化淤、消渴祛火等多种功效。以色列科学家阿维拉姆教授发现，石榴汁对于预防和治疗动脉粥样硬化引发的心脏病的效果，比红葡萄酒更佳。常食石榴或常饮石榴汁可有效地防治高血压、冠心病等中老年疾病。

小知识

在北欧，很多国家的姑娘在出嫁时，头上都要戴一朵石榴花。原来，这来源于一个古老的神话。夏日神奥得和美与爱之神弗蕾娅是夫妻，由于奥得外出长期未归，弗蕾娅非常思念丈夫，便四处寻找丈夫。一天，她终于在一株石榴树下找到了奥得。便摘下来一朵石榴花戴在头上作纪念。因此，北欧人便把石榴花看作是夫妻和睦和团聚的吉祥花。

清香四溢的茉莉花

“好一朵美丽的茉莉花，满园花开，香也香不过它……”江苏民歌《茉莉花》在我国广为传唱，由此可见人们对它的喜爱之情。是啊！花色洁白如玉的茉莉花以其清新淡雅的花香在花草中独树一帜。虽然它没有让人惊艳的外形，却兼具玫瑰的甜郁、梅花的馨香、兰花的幽远、玉兰的清雅，令人沉醉。

茉莉花属木樨科常绿小灌木或藤本状灌木，是我国传统的著名花卉。株高1米左右。枝条细长，小枝有棱角，有毛。单叶对生，呈宽卵形或椭圆形，叶脉明显，叶面微皱，叶柄短而向上弯曲，有短柔毛。初夏，新梢会从叶腋抽出，顶生聚伞花序，一般开3朵花，花为白色，有清香，花期比较长，可从初夏开至晚秋。

茉莉花喜温暖湿润和阳光充足的环境，原产于我国西部和印度，现在亚热带地区广有栽植。茉莉抗产差，怕干旱，不耐湿涝和碱土壤，栽培时以肥沃的酸性土壤最佳，并且气温不能低于5℃。

茉莉品种繁多，大致可分为单瓣茉莉、双瓣茉莉、多瓣茉莉3种。单瓣茉莉植株

较为低矮，细长的茎枝呈藤本型，故也称为“藤本茉莉”。花冠只有一层，裂片较少，约7~11片，香气轻灵纯净。由于单瓣茉莉花耐旱性较强，比较适合在山脚、丘陵坡地种植。双瓣茉莉也称“平头茉莉”，株高约1~1.5米，为直立丛生灌木。花冠双层，裂片较多，内层4~8片，外层7~10片。花香醇厚浓烈，是在中国栽培面积最广的品种。多瓣茉莉的花冠裂片小而厚，较多，约16~21片，联合排列成3~4层，盛开时层次分明。多瓣茉莉开花时间较长，香气较淡，产量较少。

叶色青翠、花色洁白、香味浓郁的茉莉常被置于花坛或做花篱，也可作盆栽点缀阳台、窗台和居室。从茉莉花中提取的茉莉油，是制造香精的原料，而且茉莉油的身价很高，相当于黄金的价格。茉莉的花、叶、根均可入药，具有行气止痛、解郁散结的作用。茉莉花还可窨制茶叶，或蒸取汁液，可代替蔷薇露。

小知识

茉莉原名“末利”，来源于一个民间传说。相传，有位姓赵的苏州老汉，家有三个儿子，均以种茶为生。一年，老汉外出谋生归来，带了一捆花苗，便随手将它插在了老大的茶田边，结果老大的茶田变得香气四溢。老大靠卖这些花茶发了大财，他的两个弟弟知道后，吵着要求平分卖茶的钱，三兄弟为此争论不休。乡里的一位智者劝说道：“为人处世，只有把利益放在末尾，大家团结一致，才能过上好日子。”三兄弟听后十分惭愧，从此以后便开始和睦相处，大家的生活也都逐年好转了。末利花这个名字也由此流传开来，并逐渐演变为茉莉花。现在，茉莉花茶已经是苏州的著名茶品了，而人们依然将末利的含义留存于心中。

无穷花——木槿

夏秋季节，开花植物逐渐减少，特别是木本花卉。木槿便在这夏日的微风中怡然自得地迎风招展，向世人展示着它婀娜的身姿。

木槿是锦葵科木槿属落叶灌木或小乔木，又名“朝开暮落花”“木锦”“荆条”等，分枝较多。叶不裂或中部以上3裂，花形较大，单瓣或重瓣，直径为5～8厘米，呈钟形，花色有紫、粉红、白等。木槿每花只开放一天，朝开暮落，但木槿的整体花期却很长，能从六月一直开到十月。因此，韩国人民又将木槿称为“无穷花”，并将其定为国花。直到现在，韩国国旗旗杆的顶端仍然是使用木槿来装饰的。

“有女同车，颜如舜英”，这里的舜英便是指的木槿，连3 000多年前的《诗经》都将木槿比作美女来

歌咏，由此可见，木槿在我国有着多么悠久的种植历史。木槿与同为锦葵科木槿属的扶桑、木芙蓉一起，被称为“三姊妹花”。

朝开暮落、花不宿枝是木槿花最大的特点。“朝菌木槿不知晦朔，蟪蛄(寒蝉)不知春秋”，庄子就曾以木槿来形容生命的短暂。唐代李商隐也有诗云：“风露凄凄秋景繁，可怜荣落在朝昏。未央宫中三千女，但保红颜莫保恩。”诗人借容易衰败的木槿花来比喻红颜易衰，未央宫那如云的美女，谁才能得到君王的恩宠呢？颇有点“人事反复哪能知”的意味。汉代的东方朔在写给公孙弘的信中说：“木槿夕死朝荣，士亦不长贪也。”借木槿表达了他不因一时贫困而悲观失望的决心，其精神为后世所赞赏。由此可见，由于个人对花卉的欣赏角度不同，人们也赋予了木槿不同的寓意。

木槿花不仅可供观赏，还可食用。将花朵调入稀面粉和葱花，入油锅煎，称为“面花”，食用起来松脆可口。木槿花炖豆腐，是一道著名的汤菜——木槿豆腐汤。其叶子用清水浸湿后还可以洗头发，不但能去发污还能治头皮瘙痒，古代妇女每逢七巧日都有“槿叶濯发”的习俗。

小知识

木槿不仅对二氧化碳和氯气等有害气体有很强的抗性，还有很好的滞尘功能，因此，木槿可作为很好的工矿和街道的绿化树种。

昼开夜合的合欢

合欢树是豆科合欢属落叶乔木，别名“绒花树”“夜合欢”。株高4～15米，枝条开展，树冠呈广伞形。树皮平滑，为灰棕色。偶数羽状复叶，互生，各具10～30对镰刀状小叶，全缘，无柄。花期为六月，头状花序簇叶腋，或花密集于小枝先端而呈伞房状。花色为淡红色。荚果条形，扁平，边缘波状。种子小，扁椭圆形。合欢喜温暖湿润和阳光充足的环境，主要产于我国黄河流域及以南各地。

炎炎夏日，合欢树那开阔的树冠如一把撑开的大伞，为人们消暑纳凉提供了好去处。伞面上那一团团粉红色的绒花，如害羞少女微微绽开的红唇，如古代侍女手中的团扇一般轻柔，在微风的吹拂下，摇曳生姿，真是赏心悦目啊！还有合欢那如精灵般的叶子在白天精神抖擞，但一到晚上，它却像疲倦的孩子般早早合起身子，进入了甜美的梦乡。

合欢的叶片为什么会昼开夜合呢？原来，合欢对外界环境的变化感觉十分灵敏。在合欢小叶的叶柄茎部，有一个“储水袋”，每到夜间光线变暗、温度降低的时候，“储水袋”便会放出里面储存的水分，这样，叶柄茎部的细胞就会瘪落下来，小叶便闭合在了一起。一开始，合欢通过叶片的闭合来减轻风雨对它的袭击，久而久之，便养成了这种独特的适应环境的本领。

合欢寓意吉祥，是我国人民极其喜爱的一种花卉，在很多地方都有广泛种植。《花镜》中说：“合欢一名蠲(音juān，免除之意)忿，人家第宅池间皆宜植之，能令人消忿。”清朝人李渔也说：“萱草解忧，合欢蠲忿，皆益人性情之物……凡见此花者，无不解愠成欢，破涕为笑，是萱草可以不栽，而合欢则不可不树。”可见合欢在当时十分受欢迎。

在历代文人的笔下，也不难觅到合欢身影。“丰翘被长条，绿叶蔽朱花。因风吐微音，芳气入紫霞。”晋代杨芳如此赞美合欢。唐代白居易也有诗云：“白露滴未死，凉风吹更鲜。”宋代韩琦吟道：“合欢枝老拂檐牙，红白开成蘸晕花。最是清香合蠲忿，累旬风送入窗纱。”

合欢树对生的羽状复叶在夜间闭合时紧紧地抱在一起，犹如一对恩爱的夫妻。因此在我国，合欢树又称“合婚”树，象征着夫妻恩爱团结、婚姻美满。

小知识

合欢树形优美，叶形雅致，是极佳的庭院点缀树木。不仅如此，合欢的叶和树皮还是传统的药材，合欢花还有养心、理气、解郁之功效，用水煎服可治情志抑郁所致的心烦、失眠、胸闷等症状。

繁华的草本花

初春，当我们外出郊游时，田野里那一片片五彩缤纷的色彩总会引起我们一阵阵的惊叹。你看！山坡林地边那一簇簇粉紫色的二月兰，在春风的摇曳下忽明忽暗，多么美丽啊！而到了仲夏时节，那星星点点的黄色野菊花将青翠的草地点缀得更加生动，水面上亭亭玉立的荷花也随着微风的吹拂左右摆动，像在跳一支欢快的舞蹈。秋风吹过，蒲

公英们如一把把绚丽的小伞，飞过那黄灿灿的花丛，引得孩童们一阵追逐，这是多么和谐的一幅画面啊！这些都是我们日常生活中最常见的草本花植物，给我们带来了无穷的美丽和欢乐。

草本花植物是植物界中最繁盛的一大类群。作为被子植物大家族的成员之一，从春到秋，草本花植物都盛开着各色鲜艳的花朵，将大地装点得绚丽多彩，使自然界显得更加生机盎然，美不胜收。

与人为善

草本花植物在人类还处于蒙昧状态的时候就铺满了大地，散发着阵阵香气。人类被这香甜的气味所吸引，到了秋季，凭着对花的印象，他们食用了甜美的果实，又进一步尝食植物的茎和根，食欲得到满足。以后，随着对植物认识的逐渐加深，越来越多的植物被人类所利用。如菊花，就是被人类利用最广的花卉之一，人们用它来食用、药用和饮用。相传在很早以前，一处僻乡溪边生长着无数的黄菊，这里的人们长期饮用这种黄菊所泡的水，故而人们身体格外健壮，人丁兴旺。如今，菊花已经成为一种上等的饮品。

草本花植物从植物类群分化时起，就一直承担着养育人类的重任，也正是从那时起，人类就再也没有离开过草本植物。不仅是人类，甜美的花香也吸引了动物前来觅食，使自然界的动物种群也更加丰富。现在，世界上大概已经有20多万种被子植物，正在被人们享用着。

适应环境

植物都有着自身生存和发展的规律，而人类往往忽视这个规律，按照人的审美观来界定植物的生存权利。如将野花野草都铲除掉，取而代之的是整齐的人工草坪，可是人工草不仅成活率差，还需要各种优越的条件，如浇水、施肥、修护等等。而草本植物就不同了，它们生命力十分顽强，无论环境有多优越或多恶劣，它们都会尽可能地生存下来，不但比人工草长势好，还能自然地抗病虫、耐旱碱。冬季来临之前，它们还会把种子埋进土里，待来年再生。在北半球，草本植物适应环境的本领远远超过木本植物。恶劣多变的环境、地表的土质、水质和大气的污染这些严重威胁植物生长的因素，草本植物都能泰然面对。一到春天，它们还是会生根发芽，即使是在高寒缺氧的高原地带，我们也能见到雪莲花等草本花卉在顽强地绽放着。

草本花植物无处不在，即使是在野生植物被破坏殆尽的城市地区，也有许多野花野草在顽强地生长着。尤其是夏季，这些野生植物生长非常迅速。但由于“城市园林观念”的偏见，它们还是逃脱不了被铲除的命运，不过这些植物的生长能力着实让人惊叹。为什么它们会有如此强大的生存能力呢？其实，植物是经过几百万年的历史演变过来的，而人类研究植物的历史则只有短短300年左右。因此，人类对

植物的了解还远远不够，要想弄清它们的生长习性，还需要我们进一步的探索。

植物在进化过程中，会遭到人类或动物等外界环境的侵害。为此，植物也各自练就了一套自我保护的本领。如仙人掌的全身都长满了刺，用来防范伤害。还有的植物的枝、叶则会分泌出毒液使人或动物不敢接近。自然界的许多植物在衍变过程中，自身产生了抵御动物和虫害的能力。如我们经常会在有的植物丛下面见到一堆堆自然死去的毛毛虫。实验证明，这是植物产生的特殊的化学物质使欲侵害它们的害虫得到了应有的惩罚。因此，我们应当善待植物。没有植物，地球将成为一个毫无生命力的世界。

遍及大地

随着环境的不断变化，草本植物的种类越来越多，并且遍及世界上的各个角落。可以说，只要有土壤的地方，就能见到草本植物的身影。而植物的生长习性也随着自然条件的变化而变化，有些植物还适应了人类的生存环境，甚至在人类造成的垃圾堆上汲取营养，在动物粪便上繁茂生长。特别是近1万年来，人类对植物的影响尤为明显。人们根据自身需要，将许多植物驯化成适合人类耕作的农作物，进行播种、栽植、移植直至开花结果，结成种子，供人们再播种，如此循环往复。但这并不能满足人们的需求，人们将一些植物带到遥远的地方，这样就打破了原本依靠风力或鸟类传播种子的规律。在新的环境中，植物重新变异，两个不同地方的同一种植物在外貌上则会产生很大的不同。如我国北方的迎春花，花朵的直径为1~2厘米，而南方云贵高原的迎春花花朵直径可达3~4厘米，这样大的变化真使人不敢相信。在不同的纬度和温度条件下，植物自然会发生变异，一般来讲，植物的新种又会优于原种。这可能也是自然选择的结果吧！还有些植物虽然有毒，但后来经过人们研究，发现它们同时也具有药用功能，便加以发挥利用，也间接为草本植物的生长提供了条件。就这样，草本植物在地表一天天繁茂起来，甚至还有许多古老的植物直到今天仍在茁壮地生长着。

质朴纯真

中国北方的草原上，生活着许多质朴的古老植物，如一个美丽的大花园。一眼望去，红色的山丹和橘红色的金莲花，蓝色的扁蕾和蓝刺头，白色的唐松草和梅花草，黄色的毛茛和委陵菜，紫色的盘龙参和黄芪等各种原始的草原花卉和谐地交融在一起，如片片彩霞铺在大地，美不胜收。那原始纯真的色彩给人留下永不磨灭的记忆。正是从这些质朴纯真的大地植被中，诞生了我们今天耕种的农作物。如向日葵、棉花、豆类、花生等，都是有着真正花朵的被子植物。而麦类、谷类等人们日常生活中的主要粮食，也是源于草本植物。可以说，草本植物的发源地，也是人类的

摇篮。但人类却在不知不觉中不断摧毁着养育我们的草本植物。千百年来，草本植物始终在和各种磨难抗争着，有的在恶劣的环境下永远的消失了，有的则变得更加强大。我们今天见到的禾本植物、藤本植物、木本植物都是这些草本植物衍变分化的结果。

现在，自然界形成了高中低等不同的植物层次，也就是我们常说的植物群落。在森林中，植物群落由高到低则分为乔木层、灌木层、草本层、地被物层等4个层次，它们互相影响，互相依赖。乔木层是由一株株独立主干长出许多分枝的木本植物，也是植物界中最高大的植物，它们那繁茂的枝叶高耸入云，如一把巨大的伞一样保护着树下的低矮植物；灌木层是不分主干和分枝的木本植物，它们的高度在乔木以下，它们为森林的中层空间增加密度，可以阻挡凛冽的强风，保护林内脆弱的植物；草本层是在木本以下的植物，大多比较耐阴，因而能在林下繁茂地生长，构成稠密的草本层，草本植物都具有柔软的茎，种类非常复杂，是植物多样性的主体群落，它们中常有大量如蕨类植物之类的史前植物；地被物层主要是苔藓和地衣，生长在草本植物以下，雨后出生的蘑菇和木耳之类的大型真菌也属于地被物层。它们如一条绿色的地毯，覆盖着森林的地表；地表还有一层厚厚的海绵层，它是树木每年的枯枝落叶和枯死的生物体所形成的腐殖质。这样的环境，不但能保持地表的水土平衡，还含有多种植物生长所必需的微量元素，特别是对草本植物的生长最为有益。每逢春季，草本植物在树木还没有长出叶子的时候就率先复苏，迅速地发芽、生长、开花。霎时，森林各种草本植物争奇斗艳，热闹非凡。还有那缕缕馨香，也引得昆虫们竞相前来采蜜，使森林呈现出童话般的美景。

风姿绰约的芍药

初夏时节，百花逐渐凋零，芍药便如一位风情万种的少妇摇曳进大家的视线。它那瓣片叠褶、状似绣球的花形和绚丽的色彩将暮春的景色渲染得格外美丽。

芍药是芍药科芍药属多年生宿根草本花卉，别名“娈尾春”“花相”“娇客”“余容”“离草”“将离”“花仙”等。茎高50~100厘米，丛生。二回三出羽状复叶，花单生于茎顶，花期四月至五月，花色鲜艳丰富，有白、黄、紫、粉、红、淡绿等色。其白如玉，粉似霞，红似火。花形有单瓣和重瓣之分，花香清新怡人。

由于芍药与牡丹同属毛茛科，且从叶到花都十分相似，因此许多人都分不清它们。其实二者有着很大的区别：芍药是草本植物，其茎是草质化、空心的，如果以手用力捏就可以捏扁；而牡丹是木本植物，其茎也是木质化的。芍药的叶子是2~3回复叶或深裂，看起来较为细小；牡丹的叶子是2~3回复叶或较浅的裂叶，看起来叶片较大而且很整齐。秋季，芍药的叶和茎都会枯萎衰败，直到第二年春天才重新从地下钻出来，焕发出新的生机；而作为木本植物的牡丹则只会落叶，枝干仍然存在，第二年春天，叶子又会从枝条上萌发出来。即便如此，一般人还是很难将二者区别开来。

园林中，芍药和牡丹常常会被栽在一起。二者不仅花形、花色颇为相似，花期也十分接近。但是牡丹却被人们称作“花中之王”，并且在每年四月全国很多地方都会举办“牡丹节”，而芍药的光芒似乎都被雍容华贵的牡丹给掩盖了。其实，牡丹的美丽仅能维持15天左右，当它逐渐枯萎凋谢的时候，芍药就开始吐露芬芳了。因此，从另一个角度理解，芍药在无形中接替了牡丹的使命，继续带给人们美的享受。

由于芍药花大而美观，因此，它也成为切花的上等材料，在切花市场中占据重要的地位，常常被制成各种插花作品用来美化大厅、会场或居室等地方。而且在插花艺术中所用的“牡丹”原材料也大都取自芍药，可以说，市场上的“切花牡丹”几乎都是“切花芍药”。因此，人们在给牡丹戴上“花王”的桂冠后，也不忘将芍药封为“花相”，它俩又并称为“花中双绝”，甚至牡丹的别称都叫木芍药。可见，芍药对牡丹产生了极其重要的影响。

芍药作为观赏植物的历史比牡丹还要早1 000多年，它的丰腴娇艳，历来深受人们的喜爱。《诗经·郑风》：“维士与女，伊其相谑，赠之以芍药。”可见，古时候热恋中的男女都会互赠芍药，以表达结情之约或惜别之情，因此芍药又被人们称作“将离草”或“情花”。宋代大诗人苏东坡云：“一声啼鴂画楼东，魏紫姚黄扫地空。多谢花工怜寂寞，尚留芍药殿春风。”说的是牡丹凋零飘落以后，花工怜惜春天太寂寞了，便安排芍药接上了春天里的最后一班岗，使春天仍然姹紫嫣红，美丽万分，故芍药又被称为“殿春”。

我国是芍药的故乡，很多地方都有栽植芍药的历史。山东的菏泽就是著名的“芍药之乡”，那里的家家户户都有栽培牡丹和芍药的习惯，历史上的“曹州牡丹、芍药”就是指现在的菏泽“牡丹、芍药”。江苏扬州也有着悠久的芍药栽培历史，一些远近闻名的名贵品种如“御衣黄”“金带围”等都产自这里。历史上歌颂赞美扬州芍药的诗句颇多，如元代杨允孚的“扬州帘卷春风里，曾惜名花第一娇”，宋代黄十朋的“千叶扬州种，春深霸众芳”。北京的丰台也有“丰台芍药甲天下”的美称。现在，芍药是我国重要的出口创汇花卉，它的苗木、切花远销荷兰、美国、加拿大等20多个国家，使中国的芍药飘香海外，誉满全球。

硕大姣美的芍药是我国百花园中的一朵奇葩，它虽然没能跻身“中国十大名花”之列，但它的娇艳美丽与群芳相比却毫不逊色。在百花盛开的春季，它并不与群芳争艳。春末，百花凋零之时，它默默延续着它们的美丽，为暮春注入新的生命力，也以傲然的姿态迎接夏天的到来。

小知识

芍药具有独特的药用功能。它的根具有抗菌消炎、解痉镇痛、扩张血管、增强耐缺氧机能等疗效。花还可以食用，有养颜增寿的功效。相传当年慈禧太后为了养颜益寿，特将芍药的花瓣与鸡蛋、面粉混合后用油炸成薄饼食用，故芍药又被称为“女科之花”。

爱情之花——紫罗兰

紫罗兰是十字花科多年生草本植物，别名“草桂花”。株高20～60厘米，心形叶片，花期四月至六月，花梗粗壮，由许多小花瓣集聚一起，花序硕大，花色丰富，以粉、紫、白等色最为常见，花香清新优雅，常被欧洲人用来制作香水。紫罗兰不但是极佳的园林美化植物，还是很好的切花品种，在切花市场占据着一席之地。

紫罗兰适宜生长在温暖湿润的温带地区，原产于地中海沿岸。其整株植物从茎叶到花瓣都含有一种叫紫罗兰素的碱性物质，因此得名。1892年，紫罗兰被欧洲人发现，此后在欧洲各地广泛种植。在欧洲那些古老城墙的缝隙或废墟石壁，这种美丽芬芳的花朵随处可见，因此紫罗兰又有“墙之花”的别名。紫罗兰深受欧洲各国人民的喜爱，古希腊将紫罗兰作为富饶多产的象征，并以它作为徽章旗帜上的标记。古罗马人也很重视紫罗兰，常将其种在大蒜、洋葱之间。意大利人更将其视为国花。“紫罗兰”从字面上看意思是“紫色的兰花”。就其天性、美丽和表现而言，它象征着优雅、精致与微妙。虽然它属于野生植物，但是却得到了人们的特别礼遇，将其请进了花园、居室之中，希望其芬芳宜人的香气能带给人精神上的愉悦，所以紫罗兰在西方的花语是清凉。凡是受到这种花祝福而诞生的人，也会带给周围的人欢乐。曾有植物学家如此赞叹：“紫罗兰是香草植物中的贵族，迷人的气质和动人的风姿，更能增添花园的风华。”

作为爱情之花，紫罗兰表达了恋人们“羞怯而执著的心意”，象征着永恒的美或青春永驻。满载着恋人们浓情蜜意的紫罗兰，时时处处都以其娇柔妩媚的温情和婉转千寻的芬芳迎取着世人的倾情和追崇。紫罗兰对于曾经雄霸欧洲

的法兰西第一帝国君主拿破仑有着特殊的含义。1815年3月20日，受困于厄尔巴岛的拿破仑成功逃了出来，此时，法国南方的紫罗兰也正在灿烂地绽放着。为迎接拿破仑的归来，人们用紫罗兰将所有的公用建筑、商店都装饰了起来。拿破仑的追随者们头上戴着紫罗兰，手里拿着紫罗兰，不断地高呼："欢迎您，紫罗兰之父！"人们希望紫罗兰能带给他们的君王好运，让拿破仑重新称霸欧洲。紫罗兰还是拿破仑和他的爱人约瑟芬的定情之物。拿破仑在失去皇位被押解到圣海伦岛去之前的一个星期，最后一次到马里美宁城堡去为约瑟芬扫墓，并在墓前种了一丛名贵的紫罗兰，据说终年都能开花，让紫罗兰代替自己常伴在约瑟芬的身边。拿破仑死后，人们在他从未离身的金首饰盒里发现了两样东西：一是其爱子的一绺胎发，另一样就是一朵枯萎的紫罗兰。

紫罗兰不仅在欧洲受到热烈追捧，中国人民对紫罗兰的喜爱也毫不亚于西方。"娟娟一圃紫罗兰，神女当年血泪斑。子卉凋零霜雪里，好花偏自耐孤寒。"这首缠绵的诗句是我国诗人根据西方一则有关白色紫罗兰的传说而写成的。话说在中世纪的欧洲某国，美丽的公主与敌国王子相爱。国王知道后大怒，将公主关在幽深的城堡中，禁止她和王子相见。公主思念情人心切，便偷偷找来一条绳子，每天晚上顺着绳子滑下来与王子相见。可是有一天绳子断成两截，公主摔死了，王子伤心欲绝。天神见此，十分怜悯这对恋人，便将公主变成了一朵白色的紫罗兰，日夜陪伴在王子的身边。

我国现代著名文学家、园艺大师周瘦鹃一生酷爱紫罗兰，写下了众多赞美紫罗兰的诗词，如"幽葩叶底常遮掩，不逞芳姿俗眼看。我爱此花最孤洁，一生低首紫罗兰"。不仅如此，他还将自己所编写的一些杂志、小品集命名为"紫罗兰""紫兰花片""紫兰花""紫兰小谱"等。他自己还曾撰文说："我往年所有的作品中，不论是散文、小说或诗词，几乎有一半都嵌着紫罗兰的影子。”就连他在苏州的园居也命名为“紫兰小筑”，书房则命名为“紫罗兰庵”，花园内叠置秀石形成花台命名为“紫兰谷”。甚至有传当年他不惜将多年卖文积攒的钱用来买下苏州的园地住宅，竟是因为院内有一丛丛的紫罗兰！爱花到如此地步，可真算是“花痴”了！为何周瘦鹃如此钟爱紫罗兰呢？原来，年轻时的他追求自由婚姻，曾与一位活泼秀美的女子相恋，该女子的英文名就叫“紫罗兰”。后来由于种种原因，两人最终并未能走在一起。但这段“紫罗兰之恋”却给周瘦鹃的一生带来重大影响，紫罗兰激发了他的创作灵感，使他写出了众多风格独特的文学作品，并逐渐成为一代名家。

紫罗兰不仅象征着浪漫的爱情，其高贵淡雅的颜色也是女孩子们追求的时髦颜色。虽然紫罗兰的颜色并非都是紫色，但现在人们不约而同地把一种类似紫色，又像雪青色，还略带粉色的颜色统称作“紫罗兰色”。在女孩子们的生活中随处可见这种梦幻而迷人的颜色，床单、窗帘、衣服、饰物……她们似乎用这种充满浪漫的色彩实现了心中的一个紫色的梦。

在欧洲那灿若繁星诗歌宝库里，出现了不少称颂紫罗兰的佳作。英国浪漫主义诗人雪莱就曾将一朵枯萎的紫罗兰描写得活灵活现：

一个枯萎而僵死的形体，
茫然留在我凄凉的前胸，
它以冰冷而沉默的安息
折磨着这仍旧火热的心。
我哭了，眼泪不使它复生！
我叹息，没有香气扑向我！
唉，这沉默而无怨的宿命
虽是它的，可对我最适合。

小知识

希腊神话中，爱神维纳斯的爱人即将远行，在和爱人分手时，维纳斯十分不舍，惜别的眼泪掉了下来，落在地上。第二年，这里便长出了一朵朵又美又香的花，即紫罗兰。因此，在西方，紫罗兰被当作“爱情花”，是多情的爱神维纳斯的化身。

典雅浪漫的紫罗兰总会给人一种无法言喻的愉悦感，每当看到它，地中海那淡柔纤细的美景总能在脑海中浮现，伴随着音乐中潺潺如流水般的琴声，令人似乎徜徉在恬适和谐的欧陆风情之中。

指甲花——凤仙

在中国民间传说中，凤仙花是仙花，凡是有凤仙花的地方，便没有蛇。因为蛇具邪气，惧怕凤仙花的仙气，因此对凤仙花总是避而远之。

凤仙花属凤仙花科1年生草本植物，别名“指甲花”。株高30~80厘米，茎的颜色与花色相关，为绿色或深褐色。叶互生，花单朵或数朵簇生叶腋，花有单瓣和重瓣之分，花冠呈蝶形，花色有白、粉、红、紫等，花期六月至十月。凤仙花生性健壮，生长迅速，并且拥有自播繁衍的能力，原产中国、印度等地。凤仙花的同属植物大约有600种，主要分布于热带和亚热带地区。我国约有180种，常见栽培的有：包氏凤仙、何氏凤仙、水凤仙、紫凤仙和苏丹凤仙等。

在民间，灵巧的少女常将凤仙花的花瓣捣烂，将花泥敷在指甲上，并用布条包好。次日，指甲就被染成了红色，一双玉手显得更加美丽。因此指甲花又被称为“好女儿花”。

一些胆量小的女生如果初见非洲凤仙，定会被它奇特的外形吓一跳。因为它的果荚裂开后，果皮还会卷缩起来，像一只毛毛虫。非洲凤仙的英文名字“Touch me not”，即“不要碰我”，就是因此而来的。

历史上很多名人都有各自喜爱的花，并以花喻己。如归隐田园的陶渊明独爱高风亮节的菊花；生性清高的周敦颐偏爱出淤泥而不染的莲花；毛泽东却独爱貌不起眼但不择土壤随处生长的凤仙花。他在少年时曾写过一首五言诗《咏指甲花》表达了对指甲花的喜爱之情：“百花皆竞春，指甲独静眠。春季叶始生，炎夏花正鲜。叶小枝又弱，种类多且妍。万草被日出，惟婢傲火天。渊明独爱菊，敦颐好青莲。我独爱指甲，取其志更坚。”以浅显明快的语言描写了指甲花的生长特性和笑傲炎夏的坚强品格，并旗帜鲜明地表明了自己的态度，用指甲花寄托了自己的高尚理想和情操。

小知识

关于凤仙花的来历，在希腊神话中还有这么一个有趣的传说：一天，诸神在一起饮酒，当仙女们把金苹果端上宴会时，发现少了一个。诸神怀疑是其中一个仙女偷的，便不由分说地将那个仙女驱逐出仙境。仙女怀着满腹冤屈流浪人间，临终前她许下心愿，希望她的冤屈有朝一日能被洗清。仙女死后变成了一株凤仙花，每当果实成熟时，只要轻轻一碰其果实，便会马上裂开，好像急切地想让人看清她的“肺腑”，因此凤仙花又被叫作“急性子”。其实，从科学的角度来讲，凤仙花是为了扩大其种子传播的范围，才会急着炸裂，这也是植物为了更好的适应生存环境而做出的选择。

后娘花——三色堇

三色堇是堇菜科堇菜属2年生草本植物。多分枝，稍呈匍匐状生长。基生叶类似心脏的形状，茎生叶较狭长，边缘浅波状，托叶大而宿存。花形较大，腋生，花色有蓝、白和黄色等。

可能世界上没有哪一种花能比三色堇更能启发人们丰富的想象力了。其奇特的外形如一只活泼可爱的花猫，五个花瓣就好似猫的双耳、脸颊和嘴巴。还有人说它如一群翩翩起舞的蝴蝶，或是长着浓眉、塌鼻、小胡子的小丑。甚至有熟识京剧脸谱的人认为三色堇有时像张飞，有时像李逵，有时像程咬金……

虽然三色堇有许多有趣的别名，如猫脸花、游蝶花、鬼脸花等，但是最为怪异的名字恐怕要算是后娘花这个名字了。在德国，据说三色堇的五枚花瓣代表了后娘

和她的四个女儿，最下面那枚最鲜艳花哨的花瓣如好打扮的后娘，它旁边那2枚同样鲜艳的花瓣是她的两个亲生女儿，而最上面两枚灰暗的花瓣则是前娘留下的两个女儿。传说最开始那几枚鲜艳的花瓣是生长在上面的，上帝见前娘的两个女儿太可怜了，便将她们同后娘交换了位置，而且让后娘的两个亲生女儿都长了使人看见就心生厌烦的小胡子。就这样，三色堇产生了与众不同的外形。

三色堇原产于欧洲南部。最开始被人工栽培的时候，大家并不看好它，而且花贩们在售卖时，将其价格也标得很低，比太阳花都要便宜。一次，一位贵妇发现这种长着两撇小胡子的花与她饲养的宠物波斯猫颇为相似，便出高价买下了这些三色堇。此事被传开后，三色堇的身价大增，此后便在欧美的花卉市场上占据了一席之地。

现在，三色堇的种类越来越多，全世界大约有1 200多个品种，形成了一个庞大的家族。花色也更加丰富多彩，不只有蓝、白、黄、红、橙、赭等传统的单一花色，还培育出了各种复杂的混合色、冷热二色。花形也更加多样，如花瓣边缘为波浪形的大花和重瓣等等，是早春布置庭院、花坛的理想花卉。

在我国，三色堇存在的时间很短，很多地方都是在改革开放后才引种栽培的。不过三色堇的环境适应能力很强，现在我国各地均有栽培。如果将三色堇置于温室培育，并通过一定的人工调控，它还可以四季开花。

三色堇不管长在哪里，都会对着阳光绽放出灿烂的笑颜，勇敢地面对生活的挑战，因此它也赢得了越来越多人的喜爱。

小知识

在不同的国家，三色堇有着不同的寓意。如在法国，三色堇表示恋人之间相互忠诚；而在意大利，三色堇受到了很多少女的喜爱，因为它表达了一种思慕和想念的情感；三色堇还是波兰、古巴等国的国花。

心形花——荷包牡丹

荷包牡丹是一种看上去十分柔弱的小植株，在其默默生长时，暗红色的梗上会伸出一片片青翠的小叶，错落有致，并且与牡丹的叶子极为相似。接着，在枝叶的分叉处，又会抽出一串串清秀可爱的花骨朵，那小小的花骨朵形状如一颗颗粉红色的"心"。微风吹过，那一排排整齐排列的小"心"在空气中随风飘荡，仿佛一个忧郁的女子在诉说自己的心事。

荷包牡丹是罂粟科荷包牡丹属多年生宿根草本植物，别名"兔儿牡丹""铃儿草"。叶互生，绿色带白粉，叶形极似牡丹的叶子，不过要稍小。荷包牡丹的地下茎平生，总状或伞房花序，长条弯垂，长约50厘米，每个花序有10余朵花，由下而上，悬垂一侧，序列整齐。花期四月至五月，花4瓣，基部膨大成囊状，外部为粉红色，形状如中国古代女子绣的荷包，故而得名。

荷包牡丹原产于我国北部及日本、西伯利亚地区。但与它同属的植物还有很多，如原产于北美的加拿大荷包牡丹，其叶背面有白粉，裂片呈线形，花色多为白色，有短距，花梗短。还有原产于我国四川、贵州和湖北的大花荷包牡丹，总状花序

与叶对生，只有少量花朵，下垂，花瓣淡黄绿或绿白色。荷包牡丹花朵玲珑、外形迷人，适宜布置花镜，或于山石前丛植，也可盆栽或作切花用。

因荷包牡丹名中带有“牡丹”二字，很多人误将其认为是牡丹的一种。其实，荷包牡丹跟雍容华贵、国色天香的牡丹并没有什么关系，但它独有的清新雅致的气质却是牡丹所不能比拟的。《花镜》中这样描述荷包牡丹：“累累相比，枝不能胜压而下垂，若俯首然，以次而开，色最娇艳。”将荷包牡丹盛开时的娇容描绘得栩栩如生。我国现代著名文学家郭沫若也如此称赞它：“荷包中带来一封一封的信，信上都没有字，而是一颗颗的心。”可见荷包牡丹不只外形姣美，还有着丰富的内涵，它将人们那欲诉还休的心思表达得恰到好处。那晶莹如玉般的荷包触及着人们心底最柔软的地方，令人心生怜爱。

小知识

荷包牡丹的来源还有一个美丽的传说。话说古时候在一个叫庙下的地方，男女定亲时，女方都会亲手绣一个荷包送给男方。有一个叫玉女的姑娘，她的意中人在塞外充军，心灵手巧的玉女每月绣一个荷包挂在窗前以寄思念之情，久而久之，荷包多得连成了串，这就是人们所说的“荷苞牡丹”。

花中皇后——郁金香

花中皇后郁金香曾让无数人为之倾倒，其中就包括法国大文豪大仲马，他曾赞美郁金香“艳丽得叫人睁不开眼睛，完美得让人透不过气来”。那大面积群植的郁金香，如七彩的花海一般美丽壮观，让人想要投入它的怀中与之融为一体。

郁金香是百合科郁金香属多年生草本植物，别名“洋荷花”“旱荷花”“郁香”等。每棵有3～5片色泽粉绿的叶，叶呈椭圆形。郁金香的花期一般为三月至四月，因各地区纬度的不同而稍有不同。花朵单生直立，花容端庄，形似一个高脚酒杯。每朵6片花瓣，花色鲜艳夺目、五彩缤纷。郁金香喜冷凉气候，生长开花时的适宜温度为17℃～20℃，炎热和闷不通风的环境对郁金香的生长最为不利，且只在天气晴好的白天开放，傍晚或阴雨天闭合。

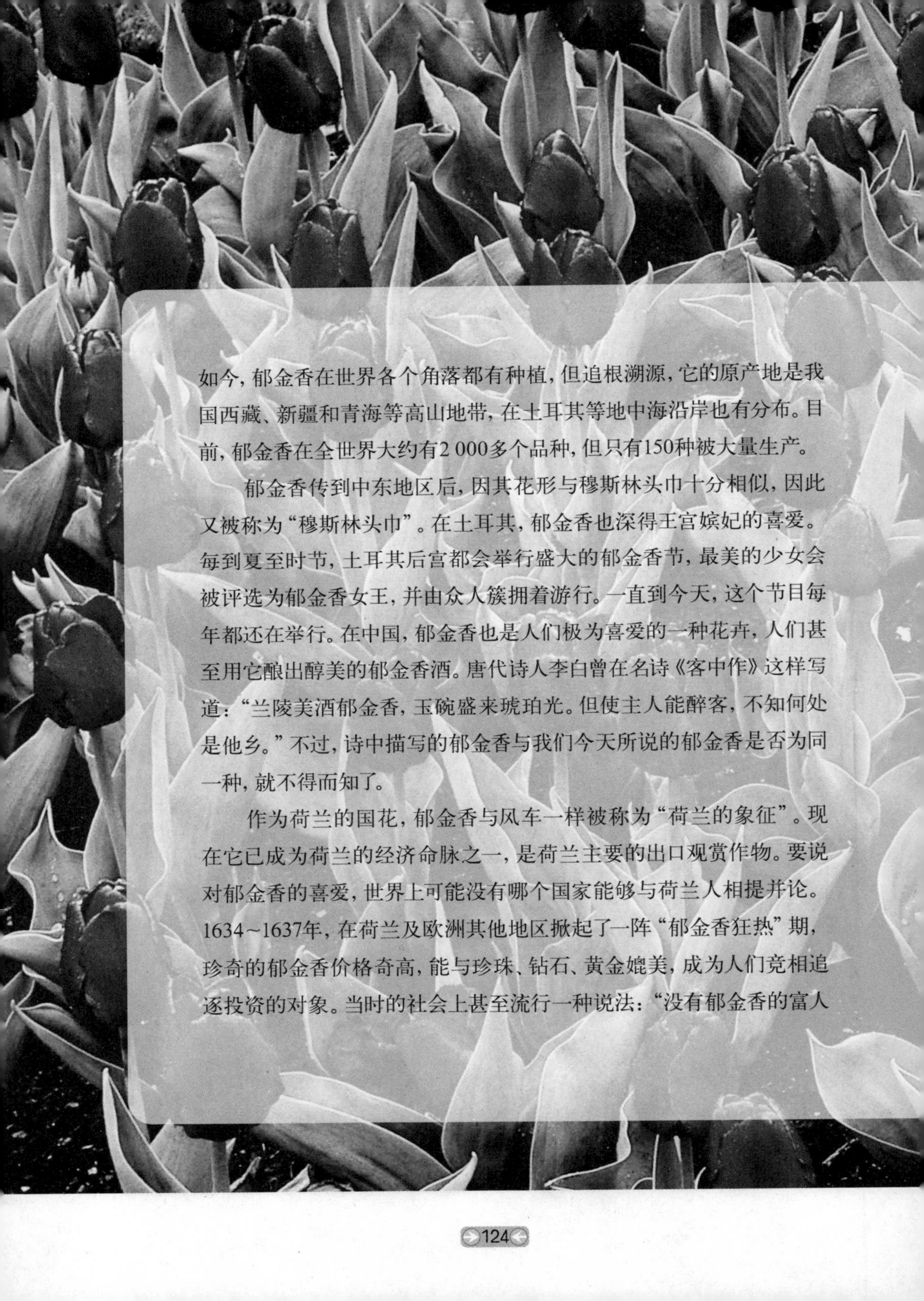

如今，郁金香在世界各个角落都有种植，但追根溯源，它的原产地是我国西藏、新疆和青海等高山地带，在土耳其等地中海沿岸也有分布。目前，郁金香在全世界大约有2 000多个品种，但只有150种被大量生产。

郁金香传到中东地区后，因其花形与穆斯林头巾十分相似，因此又被称为“穆斯林头巾”。在土耳其，郁金香也深得王宫嫔妃的喜爱。每到夏至时节，土耳其后宫都会举行盛大的郁金香节，最美的少女会被评选为郁金香女王，并由众人簇拥着游行。一直到今天，这个节日每年都还在举行。在中国，郁金香也是人们极为喜爱的一种花卉，人们甚至用它酿出醇美的郁金香酒。唐代诗人李白曾在名诗《客中作》这样写道：“兰陵美酒郁金香，玉碗盛来琥珀光。但使主人能醉客，不知何处是他乡。”不过，诗中描写的郁金香与我们今天所说的郁金香是否为同一种，就不得而知了。

作为荷兰的国花，郁金香与风车一样被称为“荷兰的象征”。现在它已成为荷兰的经济命脉之一，是荷兰主要的出口观赏作物。要说对郁金香的喜爱，世界上可能没有哪个国家能够与荷兰人相提并论。1634~1637年，在荷兰及欧洲其他地区掀起了一阵“郁金香狂热”期，珍奇的郁金香价格奇高，能与珍珠、钻石、黄金媲美，成为人们竞相追逐投资的对象。当时的社会上甚至流行一种说法：“没有郁金香的富人

不算真正的富人。”可见那时郁金香被炒得有多热。后来，这种疯狂炒作郁金香的投机热总算被政府遏制住了，但荷兰人对郁金香的热爱却并未退却。

现在，郁金香在荷兰人的日常生活中也占据着举足轻重的地位。每逢大小节日，人们都会相互赠送郁金香以表达美好的祝福，男女之间也会用郁金香来表达爱慕之情，人们用郁金香来装点居室……丰润艳丽的郁金香将人们的生活装扮得更加多姿多彩。

每年春天，成千上万的游人都会从世界各地来到荷兰，欣赏郁金香的姿容与风采。荷兰的柯根霍夫公园是最不容错过的赏花圣地，千余种郁金香与园林水景相互融合，宛如人间仙境。在春风的吹拂下，品味着郁金香那浓郁的文化韵味，令人心旷神怡，别有一番风味。

小知识

郁金香在欧洲有“请接受我的爱”的寓意，这来源于一个浪漫的传说。古时候，有一个十分美丽的少女，三位英俊的骑士同时爱上了她，一位送她王冠，一位送她宝剑，一位送她黄金。面对三位优秀的骑士求爱，少女实在难以抉择，于是向花神求助，花神将她变成了一株郁金香，王冠为花蕾、宝剑为叶、黄金为根茎，表示她同时接受了三位骑士的爱，而郁金香也因此成了爱的化身。

婀娜多姿的虞美人

初夏时节，阵阵微风吹过，轻盈优雅的虞美人迎风而舞，显得如此婀娜多姿，如同中国古典画中走出来的美人，又如彩蝶振翅般飘然至眼前。人们想象不出，看起来如此娇嫩柔弱的虞美人草，怎么会开出如此浓艳华丽的花朵呢？

虞美人是罂粟科罂粟属1年生草本植物，又名"丽春花""赛牡丹""锦被花"等。株高40～60厘米，分枝细弱。叶片呈羽状深裂或全裂，边缘有不规则的锯齿。花期为五月至六月，单生，有长梗，未开放时下垂，花朵轻盈如片片彩云，花瓣如丝绸般光洁，花色丰富。虞美人品种繁多，以复色、间色、重瓣和复瓣等最为常见。常用于花坛、庭院、居室的环境美化。

虞美人原产于欧亚大陆温带，现在世界各地广泛栽培，在我国以江浙一带栽培最为广泛。虞美人耐寒，怕暑热，喜阳光充足的环境，在排水良好、肥沃的沙壤土中长势最旺。能自播，不耐移栽。虞美人全株都含有毒生物碱，尤其是种子毒性最大，误食可引起神经中枢中毒，严重时会危及生命。

虞美人因花形与罂粟的花相似，且同为罂粟科，常被人误认为罂

粟，其实二者有很大区别。首先，虞美人植株较为低矮，且全株都有毛；而罂粟植株高达1米，全株无毛，茎秆粗壮。其次，虞美人花多为单瓣，花的直径为5～6厘米，有红、白、紫以及复色等；罂粟花多为重瓣，花直径约10厘米，花为玫瑰红色。再次，虞美人的果实像一只只小如豆的莲房，房内藏有许多细小的种子；罂粟的果实呈蒴果球形或椭圆形，果中含有大量白色乳汁，干后可制作成鸦片，是制造毒品的原料，因此罂粟是国家严令禁止种植的植物。

现在，明媚华丽的虞美人受到越来越多人的喜爱，已被比利时尊为国花。

小知识

秦朝末年，楚汉相争时，西楚霸王项羽被困于垓下，忽闻四面楚歌，自知即将灭亡，便在帐中边饮酒边对爱妃虞姬悲歌到："力拔山兮气盖世，时不利兮骓不逝，骓不逝兮可奈何?虞兮虞兮若奈何!"虞姬随着他的悲歌翩翩起舞，舞罢便拔剑自刎而亡。在她死去的地方，长出了一株美艳绝伦的花，就是我们今天所说的虞美人。据传，如果对着虞美人花吟唱项羽这首悲壮凄婉的诗歌，它还会随歌舞动呢!

圣洁之花——百合

如果我们去花店买花，首先映入眼帘的肯定就是百合花。它是我们日常生活中最常见的花卉之一，因其硕大的花朵、扑鼻的幽香、亮丽的色彩和吉祥的寓意而深受人们的喜爱。尤其是在婚姻、开业庆典及聚会等场所，人们总是用象征着百年好合、百事合意和团结友爱的百合来表达美好的祝愿。

百合花为百合科百合属多年生草本植物，其球形的地下茎由众多合抱在一起的鳞片组成，状如白莲花，故取名百合花。有抗寒、喜光、耐肥、畏湿的特性，对地域的适应性较广，南北各地都可地种或盆栽。百合花株高40～60厘米，草绿色的茎直立，不分枝。单叶互生，叶狭长如线形，无叶柄。因各地气候不同，百合花的花期略有区别，多在春、夏季。花形硕大，形状多样，主要有喇叭形、钟形和花瓣反卷3

种。花色也较丰富，有白色、黄色、橙黄色、橙红色、粉红色、淡紫色等。花味香醇浓厚，如一个天生造型别致的工艺品。

从古至今，百合花普遍受到人们的喜爱。南宋诗人陆游不但亲自在窗前种植百合，还写诗称赞："芳兰移取偏中林，余地何妨种玉簪。更乞两丛香百合，老翁七十尚童心。"南北朝的梁宣帝也对百合偏爱有佳："接叶有多重，开花无异色。含露或低垂，从风时偃柳。"宋庆龄女士生前也对百合花格外垂青。每逢春、夏，她都会在房间里插上几株百合花。当她逝世的噩耗传出后，她的美国挚友罗森大夫夫妇，立即将一盆百合花送到纽约中国常驻联合国代表团所设的灵堂，以表达对她的深切悼念。

法国素有"百合之国"的美称，历代的君王都将百合作为王权的象征。路易七世将百合作为军旗图案，路易九世有百合徽章，查理八世有百合花印章，路易十四铸造过金百合和银百合钱币，到路易十七时，全国上下都流行种植百合。1 500年间，百合花可谓是与法兰西王国休戚与共。

目前，全世界约有百余种百合花，主要分布在北半球的温带高山地区，其中又以亚洲东部的中国最多，有55种，

高雅纯洁的百合花在西方被推崇为贞洁之花。天主教将百合花作为圣母玛利亚的象征。在古埃及，人们用白色的百合花来陪葬夭折的少女。古犹太人将百合花视为魔鬼都无法玷污的圣洁之物，因此，犹太帝王的王冠、所罗门圣殿的柱雕以及神殿的天花板和墙壁上，处处可以见到百合花图案的装饰。《圣经》中称："百合花赛过所罗门(以色列国王)的荣华。"

其中35种为中国所特有。根据百合花朵和叶片的形态，可将其分为花朵直立、花色鲜红的亚洲系列，清香四溢、粉红色的东方系列，清香晶莹、花形喇叭状的铁炮系列三大类型。近年来，通过人工杂交还培育出了不少新品种。欧美的园艺专家培育出的“金百合”打破了中国百合全是一茎一朵、单纯白色的现状，不但一茎多朵，花色也更为丰富，从金黄、橙红和淡紫到彩斑、条纹等其他图案颜色一应俱全，使百合花变得更具观赏性。

江南第一花——玉簪

相传王母娘娘的小女儿从小性格刚烈，向往凡间自由的生活，但王母娘娘对女儿的管教甚严。一次，小女儿想趁赴瑶池为母后祝寿之际下到凡间走一遭，不料心事被王母娘娘看穿，使她脱身不得。于是她将头上的白玉簪子拔下，并对它说："你就代我到人间去吧！"接着便佯作醉酒状，让头上的玉簪坠落凡尘。一年后，在玉簪落下的地方，长出了像玉簪一样的花朵，并散发出阵阵幽香，这便是我们今天所看到的玉簪。玉簪因其清丽脱俗的形象深得人们的喜爱。也正因为这个故事，玉簪花被蒙上了一层传奇色彩。

宋代诗人黄庭坚在其诗作《玉簪》中云："宴罢瑶池阿母家，嫩琼飞上紫云车。玉簪落地无人拾，化作江南第一花。"将其赞美为"江南第一花"。诗人席振起的

《玉簪赋》“素娥夜舞水晶城，惺忪钗朵琼瑶刻。一枝坠地作名花，洗尽人间脂粉色”说的也是这个故事。王安石的诗中，也有类似的诗句：“瑶池仙子宴流霞，醉里遗簪幻作花。”

玉簪是百合科玉簪属多年生草本，别名“玉春棒”“白鹤花”“玉泡花”等。根状茎粗大，有须根。叶基生成丛，卵形至心脏状卵形，基部心形。六月至七月间，丛中抽出一茎，顶生总状花序，着花9~15朵。花色洁白如玉，花管状漏斗形，如古代妇女插在发髻上的玉簪，有芳香。蒴果三棱状圆柱形，成熟时3裂。

玉簪原产于中国，1789年传入欧洲，以后传至日本。玉簪对环境的适应能力很强，喜阴耐寒。现在，玉簪还形成了花形较大的大花玉簪、植株较为纤细的日本玉簪、重瓣玉簪、花叶玉簪等变种。如果将玉簪植于林下作地被，或植于建筑物庇荫处、假山旁等，能将园林装点得更加美丽芬芳、生机盎然。玉簪作盆栽置室内时，其色美如玉，芳香沁人心脾，能醒脑凝神。玉簪不仅是优秀的观赏植物，其嫩芽还能食用，全草可入药，花还可提制芳香浸膏。

中国栽培玉簪的历史悠久，人们对玉簪的喜爱之情从众多民间传说就能看出来。唐代韩愈《送桂州严大夫》诗

曰："江作青罗带，山如碧玉簪。"唐代诗人罗隐尽管10次考进士都未果，也不愿通过趋附权贵而得到晋升，他以洁白如玉的玉簪比喻自身的清高节操。雅洁娇莹的玉簪清香宜人、冰姿娟娟，似一只展翅欲飞的白仙鹤。如今，它已不仅是"江南第一花"，在北方很多地方也能见到它清丽的身影了。

小知识

玉簪在环境保护中有着举足轻重的作用，因为玉簪花对二氧化硫和氟化氰有着较强的净化能力。而花叶玉簪因叶绿素退化，虽对氯气和氟化氰的抵抗力较弱，但其灵敏的反应能力却使其成为监测空气中氯与氟含量是否超标的"哨兵"。

能忘忧的萱草

现在，每逢母亲节，我们都会选择把康乃馨送给母亲，以表达对母亲的爱。其实，早在康乃馨成为母亲花之前，我国古代人民就一直将萱草花视为母亲花。唐朝孟郊的《游子诗》写道："萱草生堂阶，游子行天涯。慈母倚堂门，不见萱草花。"古时候，当游子要远行时，人们就会在北堂种萱草，以此希望母亲减轻对孩子的思念，忘却烦忧。苏东坡也有诗云："萱草虽微花，孤秀能自拔。亭亭乱叶中，一一苦心插。"这里所描述的"苦心"，即指母亲的爱心。历代文人常以萱草为吟咏的题材，寄托对母亲、对家乡的思念之情。

萱草是百合科萱草属多年生宿根草本。具短根状茎，根近肉质，中下部有纺锤

状膨大。叶基生，长条形，排成二裂。花期六月至七月，细长坚挺的花葶自叶丛中抽出，高约60～100厘米。圆锥花序生于顶端，着花10余朵。花冠呈漏斗状，花色为橘黄至橘红色，有清香。萱草在英文中的意思是只开一天的百合。它常常在凌晨开放，日暮即闭合，午夜就枯萎凋谢了，因而只有一天的美丽。但萱草的整体花期很长，能从初夏一直开到秋天。与菊花一起成为秋季一道亮丽的风景。两者的花朵都大而绚丽，为一年的花事华丽收场。

萱草又名“谖草”“忘忧草”，原产于我国南部，在我国已有几千年的栽培历史。《诗经》是最早记载萱草的文学作品，“焉得谖草，言树之背”，意思是说我到哪里弄到一支萱草，种在母亲堂前，让母亲乐而忘忧呢？《博物志》云：“萱草，食之令人好欢乐，忘忧思，故曰忘忧草。”说的是吃了萱草后能令人忘却一切烦恼忧愁。萱草究竟能否治疗忧愁呢？诗人们说法不一。有人持赞同的观点：“杜康能散闷，萱草能忘忧。”白居易如是说。司马光则说“逍遥玩永日，自无忧可忘”，金人周昂也认为“客愁天路遣，始为看花忘”。但也有不少人持反对的意见，诗人韦应物说：“本是忘忧物，今夕重生忧。”甚至还有人认为忘忧草不但不能解忧，还会增添人的伤感之情，清朝人谢重辉说：“孰云忘忧草，遇目转添愁。”方式济也认为：“采萱欲忘忧，佩之转纷扰。”其实，萱草本身并不能替人解忧或增添人的烦恼，只不过是人们在赏花时各有不同的心境罢了。人们将欢乐忧愁寄托于小小的萱草，这充满了人性的味道。现在，人们用忘忧草来表达美好的愿望和祝福。

萱草家族的黄花萱草不仅可供观赏，它还是一种美味可口的食物。俗名“金针菜”或“黄花菜”的黄花萱草与萱草同属，花色鲜黄，有清香，根、叶还可入药，在全

国各地均有分布。

关于金针菜的起源，据说与东汉末年的神医华佗有关。一年，江苏泗阳瘟疫横行，病死的不计其数，名医华佗听说后马不停蹄地赶往泗阳，到了之后，他不分昼夜地为百姓治疗，治好了不少患者，深受当地百姓爱戴。魏王曹操听闻华佗的神奇医术后，便派人去泗阳请华佗为他治疗头疼顽疾。华佗此时正忙于与瘟疫斗争，所以就没有顺从曹兵。曹兵便以刀相逼，欲强行将他带走，华佗只好以需回家拿药品及药具为由，请求隔日再启程。当天夜里，心急如焚的华佗一直心神不宁，朦胧中他见到一位仙风道骨的老人将一枚金针扔入他怀中，一番指教后便飘然而去。华佗醒来后，发现胸前果然有一枚金针。第二天，华佗对闻讯前来送行的百姓说："我这里有一枚金针，望它能助你们解除灾难！"说完手一扬，将金针洒向大地，霎时，漫山遍野长满了花瓣金黄、枝叶碧绿的植物。人们采其花蕾煮水喝，果然止住了瘟疫。从那以后，人们为防瘟疫，做菜时也会加一些金针菜，到现在，它已演变为一道名菜了。

小知识

萱草的另一个别称为"宜男草"。在周处的《风土记》中，有这样的记载："宜男，妊妇佩之必生男，又名萱草。"说的是怀孕的妇女如随身佩戴萱草，便能生男孩。

有趣的金鱼草

金鱼草色彩艳丽。夏末秋初，那些红、粉、黄、淡绿、紫红色的花朵随着微风左摇右摆，恰似一尾尾美丽的小金鱼在空气中畅游。金鱼草深得人们喜爱，在其花朵尚未完全绽放时，如用两指轻捏花瓣的两侧，便会听到“啪”的一声，花瓣伴随着响声如两片嘴唇那样张开，有趣极了。

金鱼草是玄参科金鱼草属多年生直立草本植物，株高30～90厘米，上部有腺毛。叶长7厘米，呈披针形或矩圆披针形，全缘，光滑，下部对生，上部互生。花期五月至六月，顶生的总状花序长达25厘米以上。大大的花冠如唇形，外披绒毛。花色主要由其茎部决定，绿色茎部的金鱼花，花色丰富，除紫色外，其他各色都有。而红色茎部的金鱼花，花色只有紫和红。蒴果呈卵形，种子细小。

花形奇特、花色浓艳的金鱼草，是园林中最常见的草本花卉。在国际上，金鱼草被广泛运用于花坛和盆栽，近年来又用于切花观赏。金鱼草在品种改良上进展很快，尤其是美国，先后培育出半矮生种、矮生种、超矮生种、高秆种以及多倍体品种等，近年来又选育出重瓣的杜鹃花形和蝴蝶型的新品种。

金鱼草性喜阳光，耐半阴，忌高温。在栽培时应注意选择阳光充足、土壤疏松、肥沃、排水良好的地方，并注意合理的施肥与浇水。金鱼草品种极易混杂，因此要注意及时采种，以免产生杂种。在金鱼草的生产上，欧洲的丹麦、瑞典、挪威、荷兰、比利时等国主要以盆栽和花坛植物为主，也有切花生产。日本则主要生产盆花，少量生产切花。

20世纪30年代，我国也开始栽培金鱼草，但栽培数量并不多，主要用于盆花、花坛和花镜。20世纪80年代后，引进了金鱼草的矮生种，广泛应用于花坛布置和盆栽。

在欧洲，金鱼草又被称为“狮子花”，是因为欧洲人认为其外形独特，与狮子或英国拳师狗很相似。还有人因其串生的总状花序和龙头相似，花瓣又似龙口状，所以也叫它“龙口花”或“龙

头花”。不论怎么称呼，因其与动物长相颇为相似的外形，金鱼草似乎总跟动物脱离不了关系。因此，也有心理学家建议，性格内向的女孩可以在自己的房间摆上一盆金鱼草，它能使整个房间的气氛活跃起来。

小知识

传说很久以前，森林中有一种多情美丽的彩雀。它们被恶魔追杀，逃到一个小村庄，被一对好心的夫妻藏了起来，因而保住了性命。为了报答这对夫妻的恩情，彩雀在寿终归天后，就化为美丽的彩雀花，长在他们的房屋前后。在日本的江户时代，彩雀花因外形酷似金鱼，又被人们取名为“金鱼草”。

多肉类花卉

月下美人——昙花

花色纯白、花姿姣好动人的昙花，通常在晚上9点以后才开花，因此赢得了“月下美人”的雅号。生活中，我们常用“昙花一现”来比喻生命中短暂而美好的事物。的确，昙花的开花时间极为短暂，仅能维持4～5个小时。即便如此，也丝毫不能改变人们对它的喜爱之情。刹那的芳华过后，昙花如流星般陨落，却被人们永远记在了心里。

佛家十分重视并喜爱昙花，认为花瓣晶莹如玉的昙花是纯洁与高尚的象征。昙花即是印度梵语里“优昙钵花”的简称。“昙花一现”这一成语也出自佛家的《妙法莲花经·方便品第

二》："佛告舍利弗，如是妙法，诸佛如来，时乃说之，如优昙钵花，时一现儿。"佛教传说，转轮王出世，昙花才生。

昙花是仙人掌科昙花属多年生常绿肉质植物，又名"琼花""夜会草"等。老枝呈圆柱形，新枝则呈扁平、叶状。花瓣为白色，萼片是红色或紫红色。昙花开花前，那硕大而皎洁饱满的花蕾犹如一支弦上的箭，蓄势待发。时机一到，那层层叠叠的萼片就依次舒展，呈现出玲珑剔透的花朵，好像一位穿着素雅却不失繁琐的百褶裙的美丽仙女飘然而至，令人心旷神怡。

在民间，有"昙花一现，只为韦陀"的说法。相传，昙花原是一位每天都会开花的花神，一个叫韦陀的年轻人每天都会给她浇水除草，天长日久，她便爱上了韦陀。玉帝知道这件事后大发雷霆，为了阻拦两人相恋，他将花神贬至凡间，并且一生只能在晚上开放一次。同时将韦陀送去灵鹫山出家，使他忘记与花神的前尘往事。可是，痴情的花神却无法忘记韦陀。她得知韦陀会在每年的暮春时分上山为佛祖采集春露，便选择在此时开花，希望能与心上人见上一面。可惜的是，年复一年，

韦陀都未出现在她面前。因此，昙花又名“韦陀花”。

传说终归是传说，那么，昙花为什么会在夜间开放呢？原来，昙花最早生长在美洲墨西哥至巴西的热带沙漠地区。那里终年高温少雨，气候条件极为恶劣。为了避开烈日的暴晒，减少水分的蒸发，昙花选择在夜晚开花，长此以往，就形成了夜间开花的习性。正是由于它的这个特性，使得许多欲一睹昙花怒放美景的人们不得不守候至深夜。不过现在，人们已经摸索出了一套能让昙花在白天开放的方法。在昙花开花前的7~8天，对它进行“黑白颠倒”的处理，即在白天将它放入黑屋子里，而到夜晚时则采取人工照明的方法。这样，我们就能在白天欣赏到“月下美人”的风姿了。

昙花的扁茎苍翠碧绿，花形玉姿窈窕，花色如雪花、似银盘，在酷热难耐的夏夜给人们送来凉爽的气息。昙花如此多娇，但为何在“中国十大名花”的榜单上却寻觅不到其芳名呢？或许是由于它在晚上开花的特性以及它的开花时间过于短暂，无法带给人们持久的愉悦。其实，“不求天长地久，但求曾经拥有”这句话用在昙花身上再合适不过了。昙花的这种遗憾也是一种残缺的美呢！任何事物都不可能十全十美，昙花绽放时那片刻的光辉已经足够耀眼，令人回味无穷。相信它一定会带给我们永恒芬芳的记忆。

特立独行的昙花如今在市场上价值不菲。但是，我们做人却不能“昙花一

现”，有时候仅有短暂的光芒是不够的。比如，一些运动员在取得了令人瞩目的成绩后，便骄傲自满，因而止步不前，或将精力更多地投入到商业活动之中，这是不行的。如果只满足于现在的成绩，那么很快就会被时代所淘汰，成为一个“昙花一现”的人。因此做人应当持之以恒，这样才能在平凡中取得大的成就。

小知识

相传隋朝时，江南的江都县盛产昙花，最美的昙花都在那里。隋炀帝杨广非常喜欢观赏“昙花一现”的美景。为此，他不惜劳民伤财，让成千上万的劳工花了整整6年时间修筑了一条通往江都县的大运河，以方便他观赏昙花。此举最后终于引起人们的不满，爆发了农民起义，并最终导致亡国。因此，昙花从那时起又被称为“亡国之花”。

花的故事

古埃及的玫瑰情结

公元前15世纪，埃及处于法老图特摩斯三世统治的时代。为了加强自己的统治，他四处征战，从各地掠夺了大量的黄金，并用这些黄金为自己制作棺椁、盔甲、面罩和饰物。图特摩斯三世有一个十分宠爱的妃子，她很想要一顶由黄金制成的玫瑰花冠。为讨爱妃欢心，图特摩斯三世命令埃及最出色的能工巧匠打造了一顶纯金的玫瑰花形王冠送给妃子。3 000多年后的今天，这顶王冠在出土的古埃及墓葬品中被发现，它由九百朵金质的玫瑰花构成，上面镶嵌有彩色宝石，显得美艳绝伦。王冠由一只浅底金杯托着，这个杯底的正中也刻着一朵玫瑰，外面有一圈花萼和鱼形相联

结的花纹。考古人员都为这些精致的艺术品所折服，也不由感叹道，原来玫瑰花在几千年前的尼罗河畔就已深受女人的喜爱了。

原来，古埃及的女子不仅喜爱玫瑰娇艳的花朵，更重要的是她们认为玫瑰迷人的芳香有催情的作用。在古埃及流传着一种制作玫瑰香水的方法，将玫瑰花浸泡在油脂中，再把带有玫瑰花香的油脂涂在身上，这样就可以使人像玫瑰花一样姣美诱人。不只是在埃及，古代很多地方都相信玫瑰具有一种神奇的魔力，比如波斯女人认为玫瑰香水能唤回迷途的爱人，而在古罗马，人们认为玫瑰花可以让女人更富魅力。历史上有一个女人更将玫瑰的这种诱惑发挥到了极致，她就是"埃及艳后"克娄巴特拉。

公元前4世纪，亚历山大大帝征服了埃及，使埃及成为了马其顿帝国的一个行省。亚历山大死后，马其顿帝国也随之分裂。亚历山大同父异母的兄弟托勒密在埃及建立起托勒密王朝，尼罗河口的亚历山大城被定为首都，这样埃及就获得了名义上的独立，托勒密也被埃及人视为法老。公元前1世纪，托勒密十二世指定他的长

子托勒密十三世和女儿克娄巴特拉共同执政统治埃及，但克娄巴特拉在登上皇位后不久便被她的兄长托勒密十三世驱逐流放。

公元前48年，作为罗马统治者之一的恺撒在追击他的政治对手庞培时来到埃及。在亚历山大大帝的宫殿里，恺撒被克娄巴特拉的美貌所征服，决定帮她夺回王位。托勒密十三世很快就被废黜，恺撒任命克娄巴特拉和她的弟弟托勒密十四世共同执政。相传克娄巴特拉为取悦恺撒，每次都要让侍女在寝室铺满厚达四五厘米的玫瑰花瓣，自己在用浸泡着玫瑰花的清水沐浴后，还要涂上玫瑰香脂，然后盛妆等待恺撒的到来。后来，克娄巴特拉为恺撒生了一个儿子，取名为“小恺撒”。她带着儿子跟随恺撒回到了罗马，住在罗马郊外的别墅里，恺撒经常去那儿看望她。不过，这种平静安乐的日子只持续了很短一段时间，公元前44年，恺撒遇刺身亡，克娄巴特拉回到了埃及。不久以后托勒密十四世遇难，女王克娄巴特拉指定她的儿子小恺撒和她共同执政。恺撒的助手马克·安东尼成了下一任的罗马统治者，像他的上任一样，他也拜倒在克娄巴特拉的石榴裙下，乘坐着用上万朵玫瑰装饰的花船随她来到了埃及。公元前37年，安东尼则宣布与克娄巴特拉结婚。这时的克娄巴特拉已为他生了一对孪生子，安东尼则将罗马东部行省的部分土地赠与了自己的妻子与儿子，这引起了罗马元老院的强烈不满。公元前32年，安东尼被元老院和公民大会宣布为“公敌”。公元前31年，安东尼在著名的阿克提翁战役中败于屋大维，第二年便自杀了。失去依靠的克娄巴特拉想再次用美色征服屋大维，但她这次没有成功，

屋大维根本不为所动，甚至还要把她作为战利品带到罗马的凯旋仪式上去展示。听到这个消息后，克娄巴特拉十分绝望，便让一条毒蛇咬住自己的胳膊自杀了。

在历史上，克娄巴特拉被称为“通过征服男人来征服世界的女人”。叱咤风云的恺撒和骁勇善战的安东尼都成为了她的裙下之臣。埃及艳后的故事流传了2 000多年，人们对她的评价褒贬不一，有人说克娄巴特拉为了国家忍辱负重、鞠躬尽瘁；更多的人则把她形容成一位野心勃勃，为了权力不择手段的妖后，连玫瑰花都成了她实施阴谋的工具。其实克娄巴特拉被自己的亲兄弟放逐的时候只是一个20岁的少女，而且随时都可能有杀身之祸，投靠于恺撒实在是她无奈中的选择。后来恺撒被刺、安东尼自杀，两个深爱她的男人虽然权倾一时却都没有给她最终的保护。失去了依靠的克娄巴特拉似乎又成了那个被驱逐流放的少女，这次她选择了有尊严地结束生命。不知在她生命的最后一刻，有没有她心爱的玫瑰花与之相伴？

百合与圣女贞德

在欧洲的历史上，尤其是在基督教会占据统治地位的时代，百合有着非同寻常的象征意义，人们将这种清丽脱俗的花朵视为圣母与复活耶稣的标志。许多圣徒和殉道者都被誉为“百合”，圣女贞德就是其中最传奇的一位。

1412年，贞德出生于法国北部香槟与洛林交界处杜列米村的一个普通的农民家庭。当时英国与法国之间的战争已经持续了80多年。这场战争的起因要追溯到中世纪早期，英国王室通过一系列联姻成为了法国许多土地的主人。14世纪初期，法国王室要恢复对其原有领地的主权，英法双方就此开战。到15世纪时，大片的法兰西北方土地都处于英国的控制之下，生活在这片土地上的法国百姓则饱受战争之苦。

1428年，英国军队占领了巴黎，他们随后又倾注全力开始围攻通往法国南方的门户——奥尔良城，很快奥尔良就处于英军铁桶般的包围之中，情况十分危急。这时年仅16岁的少女贞德三次求见法国王太子查理，请求带兵出征，抵抗英军。1429年4月27日，王太子授予贞德“战争总指挥”的头衔，并赐给她一匹白马和一身刻有百合纹章的甲胄。贞德腰悬宝剑、手擎大旗，率领3 000多士兵向奥尔良进发。据史料记载，贞德只是一位普通的农家牧女，既不识字也不懂任何战术，但她却有着非凡的勇气和无比坚定的信心，她深信自己是上帝派来拯救法国的信使，法国一定会获得最后的胜利。她出征时高举的旗帜上所绣的图案就是百合花和“耶稣玛利亚”的字样。

4月29日晚8时，贞德指挥部队发起了对英军的猛攻。经过10天的激战，5月8日，被英国军队围困了209天的奥尔良终于解围了。城中的百姓高唱赞美诗，歌颂贞德的战功，称她为“奥尔良姑娘”。奥尔良战役的胜利，改变了法国在整个战争中的劣势地位，奠定了法国最终获胜的基础。奥尔良也因此名垂青史，被誉为“贞德之城”。时至今日，奥尔良每年五月都要举行隆重的纪念活动，以缅怀这位民族英雄。

紧接着，贞德率领士气高昂的法军又收复了许多被侵占的北方领土，其中包括法国北部名城兰斯。兰斯的收复对于法国王室和法国百姓而言具有重大的意义，因为历任法国国王的加冕仪式都是在兰斯大教堂举行的。1429年7月法国王太子查理在兰斯大教堂行加冕礼，正式从“布尔热王”变为“法王查理七世”。同年岁末，查理七世封贞德及其两位兄长为贵族，赐姓“利斯”，意为百合，并授百合纹章为其族徽。族徽的图案由中间一柄宝剑、两边各一朵百合以及最上面的百合花冠组成。

一系列的胜利彻底扭转了法国在整个战争中的危难局面，贞德也因此威名大振，人们把她称作“天使”，认为她真的拥有来自上帝的力量，是上帝派来救民于水火的使者。贞德成为了法国百姓的精神领袖，但她却失去了法国王室的支持，她在民众中日益扩大的威望和影响力令法国宫廷贵族和教会组织感到恐慌和不满，一些亲英的法国势力甚至视贞德为仇敌。

1430年，为收复更多的领土，贞德率部向巴黎进军。在位于巴黎东北郊康边附近的一次战斗中，她却被法国亲英的勃艮地人所虏获，并以4万法郎的价钱卖给了英国。英国人把贞德交给了宗教法庭，宗教法庭则秉承英国人的意旨把贞德判为“女巫”“异端”，并于1431年5月30日对其处以火刑。拯救法国于危亡之中的英雄贞德在备受酷刑之后于鲁昂城下被活活烧死了，死时还不满20岁。

从贞德被捕到最终行刑这段时间里，法王查理七世没有表现出任何要营救她的意愿。更令人悲哀的是，判定贞德为女巫的宗教法庭中不仅有仇视贞德的主教们，还有一些竟然是巴黎大学的教授。作为知识分子的他们完全无视这位勇敢、纯洁的少女为自己祖国所做的一切，只因为她把自身的无畏归于上帝的指引就给她定

下恶毒的罪名，随后还带着毫不掩饰的自得对英王亨利六世通报了他们的判决。后世的法国人在提起这件事时曾经说过“鲁昂城下焚烧贞德的柴堆灰烬，给巴黎大学的名字抹上了黑色的一笔”。

贞德之死引起了法国百姓对英国人的极大愤慨，也激发了人民高度的爱国热情。在人民运动的压力下，法国王室对军队进行了整顿，此后的战役便节节胜利。到1453年除了加来一地，失土已尽数收回，英法两国之间历时百年的征战终于结束了。

在民众的强烈要求下，罗马教廷重新审查了贞德一案，并于1456年推翻了25年前的判决，为贞德恢复了名誉。1909年，罗马教廷册封贞德为“真福圣人”，1920年正式册封她为“圣女贞德”。

在奥尔良当年贞德率兵收复的第一座城池里，有一座圣十字大教堂。教堂里专门设立了一个贞德小祭台供人追思凭吊，在这里常年可以看到人们

敬献的鲜花，其中大多是洁白的百合。因为在法国百姓的心中，百合花代表着贞德对信念的执着与忠贞。铭刻在另一座贞德纪念碑上的题词也表达了同样的意思——“圣女的剑保卫着王冠，圣女剑下的百合花安然闪耀”。

康乃馨的传说

关于康乃馨的诞生在希腊神话中有两种不同的说法，其中一个讲的是：从前有一位心灵手巧的美丽少女，擅长编织各种精巧别致的花冠与花环。她的手艺不仅赢得了世人的喜爱，连天上的神仙看了都赞不绝口，来找她定做鲜花饰物的人络绎不绝。这情景令一

个以制作花冠为生的工匠十分妒忌，他借口有问题要请教，把少女骗到了一个荒凉的地方，将其偷偷地杀死了。少女不幸被害的事情被太阳神阿波罗知道了，阿波罗为了感激少女生前常用花冠来装点他的祭坛，于是就把她变成了一株秀丽芬芳的康乃馨，让人们能永远记住这个巧手的姑娘。

在另一个故事中出现的神是狩猎女神狄安娜。狄安娜是阿波罗的孪生妹妹，她最爱率领仙女们在森林原野中嬉戏玩耍，因此被称做“美丽的女猎手”。一次狄安娜在打猎归来时遇见了一位俊美的牧羊少年，少年一面吹着笛子一面含情脉脉地望着她。狄安娜在女神中以固守贞节而著称，她唯恐自己受到牧羊少年的诱惑，于是残忍地将少年的两只眼睛挖出来抛在一边。少年的双目掉落在地上，瞬间就变成了两株盛开的康乃馨，花朵上还挂着泪水一样的露珠。这个故事在欧洲广为流传，法国人还因此把康乃馨称作“小眼睛”。

很难想象聪明智慧的古希腊人为什么要给美丽的康乃馨赋予如此暴力的传说，因为各种文献资料都表明康乃馨在古希腊是一种极受喜爱和尊崇的花卉。2 300多年以前的古希腊学者赛奥弗拉斯图在他的著作《植物研究》中把康乃馨命名为“Dios Anthos”，即“宙斯之花”，因为古希腊人认为这种花最早出现在爱琴海中的克里特岛上，那里正是传说中“众神之王”宙斯诞生的地方，康乃馨的植物属名“Dianthus”就是由“Dios Anthos”一词演化而来的。古希腊人视康乃馨为圣花，用康乃馨编织的花冠代表着荣耀与喜悦，是在举行宗教仪式和游行时敬献给各位神的饰物，因此又被称做“加冕之花”。

风信子与太阳神

风信子的学名“Hyacinthus”，来源于希腊语“雅辛托斯”的译音。在希腊神话中，雅辛托斯是一位英俊的斯巴达王子。他体格健美，擅长于当时流行的击剑、投掷、格斗等各种运动项目，因此深受太阳神阿波罗的喜爱。相传，阿波罗经常在希腊半岛北端的德尔斐举行竞技活动，其中不仅包括体育比赛，还有戏剧表演、乐器演奏等内容。在一次掷铁饼竞赛中，雅辛托斯不幸被阿波罗投出的铁饼击中头部，倒地身亡。阿波罗追悔莫及，他抱着雅辛托斯的身体哀叹道：“唉！唉！是我夺去了你年轻的生命，我会永远铭记你。你将化为一株鲜花，花瓣上刻着我的悔恨。”话音刚落，从雅辛托斯鲜血浸湿的土地上就长出了美丽的花朵，花瓣上还有“Ai Ai”的暗纹。阿波罗将这种花命名为“雅辛托斯”，以纪念他俊美的朋友。

在这个传说的另一个版本中，雅辛托斯之死并非阿波罗失手所致，而是由于西风神苏费洛嫉妒阿波罗对雅辛托斯的宠爱，于是在阿波罗投出铁饼的瞬间，猛吹起一股强风，使铁饼飞向了美少年雅辛托斯的额头，夺去了他的生命。

尊贵的太阳神，也无法令死去的王子复生，竞技场上再也看不到雅辛托斯矫健的身影。而每年春天，风信子花都会在德尔斐的土地上怒放。后来德尔斐太阳神庙的女祭司把风信子花移植进了神庙的花园，前来聆听神谕的人们就渐渐把它当做了太阳神的圣花。

每年到了风信子开花的时候，斯巴达人就会放下手中的工作，举办整整三天的活动，来纪念他们的王子和太阳神。

第一天，他们悼念逝去的雅辛托斯，不娱乐，不唱歌，不吃面包，男女老少也不佩戴鲜花和其他饰物。

第二天，人们向太阳神阿波罗举行祭祀仪式，然后开始盛装游行，载歌载舞。

第三天，在郊外进行盛大的竞技比赛，王公贵族与平民百姓都争相参与，连奴隶在这两天也可以充分享受自由，能和大家一同娱乐。

斯巴达人相信，雅辛托斯王子的身体虽已死去，但他那曾在运动中极致张扬的生命力却生生不息，随着一年一度绽开的风信子花永留人间。

彩虹女神的象征

鸢尾在拉丁文中被称做“艾丽丝”，这原本是希腊神话中彩虹女神的名字，因为鸢尾有着色彩丰富的花朵，所以古希腊人将它奉为彩虹女神的象征花。

彩虹女神是传说中奥林匹斯山上的女信使。她有两件法宝：一件是生有翅膀的鞋子，穿上它可以飞快地往来于众神之间，为他们传递口讯；另一件则是由露珠编织成的外衣，这件外衣能把太阳的光芒反射成一道美丽的彩虹桥，让女神艾丽丝沿着它下凡到人间传达神谕。有时候彩虹桥还要延伸到冥河边上，因为女神还担负着引领女性灵魂进入冥府的使命。据说，在古希腊如果看到墓碑上雕刻着鸢尾，就可以确定这是一个女子的墓穴。不过更广

泛的说法是，用鸢尾来装饰墓地能让艾丽丝女神把死者的灵魂由彩虹桥带到天国乐土之中。

彩虹女神的丈夫是西风之神苏费洛，这两位神经常会一起出现，并因此连累到了原本代表“消息”的鸢尾花。人们觉得一条消息若是被风吹来吹去、四处传播，就很有可能演变成不实不尽的谣传，因此后来鸢尾花又有了“谣言”与“传闻”这两项新的含义。

在意大利，人们把一种开紫色小花的鸢尾称作“爱的信使”，青年男女借这种花来传情达意、互递心声。若天上真的有彩虹女神，相信这才是她最乐于承担的工作。

中国的国花之争

中国的国花曾经历过民众的热烈讨论，在讨论中民众的观点主要集中为两点：一为梅花，一为牡丹。

牡丹和梅花的背后都蕴含着较深的文化意义。前者是普罗大众欣赏品位的代表，因此才有“花开时节动京城”“花开花落二十日，满城之人皆若狂”的群体欣赏口味；后者则是一种个体的审美体验，历来被更为推崇，“幸有微吟可相狎，不须檀板共金樽”就是说观赏梅花的色彩时，要默默地品味，赏梅还要求“三美”“四贵”，以及“梅之佳境”，这些都只有相当鉴赏能力的人才能享受。梅花敢向雪中开的铮铮铁骨体现了中华民族的精神，但它花姿偏瘦，分布也不如牡丹广，用它象征国富民强显然不如牡丹。

梅花被国人奉为国花的历史由来较早。《花经》中写道："古今多以梅为隽品，……色泽香韵无愧属之为国花……" 20世纪30年代就有人提出以梅花作为国花。

梅花确有特色，在我国栽培历史悠久，已有2 000多年了。古代咏梅的诗词极多，梅花与人民生活习惯、风俗、艺术等方面均有密切联系，有关梅花的故事也很多。梅与松、竹被誉为"岁寒三友"。古代画家以梅为对象作画者不计其数。春秋战国时代，梅花和梅实曾作为馈赠和祭祀的佳品。梅与我国人民结下了深厚的友谊，而外国尤其西方人却根本不知道梅，英文字典里也查不到"梅"字。梅之作为观赏花木，喜爱的人尤其多。它先叶开花，洁白无瑕，香气宜人。它迎霜傲雪的精神，尤能象征我们中华民族的精神，因此以梅为国花是再恰当不过的。

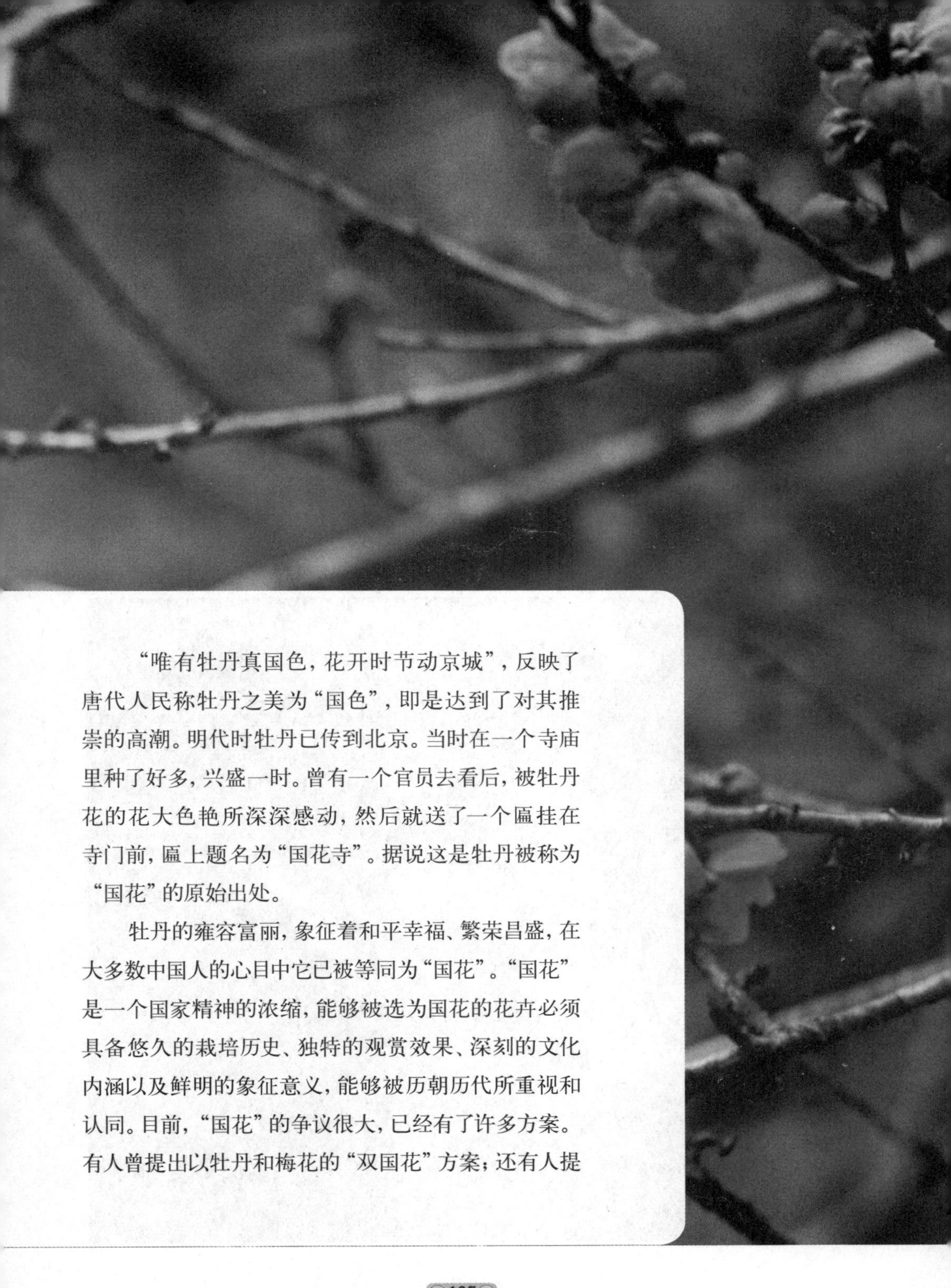

“唯有牡丹真国色，花开时节动京城”，反映了唐代人民称牡丹之美为“国色”，即是达到了对其推崇的高潮。明代时牡丹已传到北京。当时在一个寺庙里种了好多，兴盛一时。曾有一个官员去看后，被牡丹花的花大色艳所深深感动，然后就送了一个匾挂在寺门前，匾上题名为“国花寺”。据说这是牡丹被称为“国花”的原始出处。

牡丹的雍容富丽，象征着和平幸福、繁荣昌盛，在大多数中国人的心目中它已被等同为“国花”。“国花”是一个国家精神的浓缩，能够被选为国花的花卉必须具备悠久的栽培历史、独特的观赏效果、深刻的文化内涵以及鲜明的象征意义，能够被历朝历代所重视和认同。目前，“国花”的争议很大，已经有了许多方案。有人曾提出以牡丹和梅花的“双国花”方案；还有人提出以牡丹作为国花，再加上“四季名花”，也就是春兰、夏莲(荷花)、秋菊、冬梅。还有人甚至提出“一国四花”的方案，即牡丹、梅花、菊花、荷花。但是，无论是哪种方案，都少不了牡丹，由此可见它在中国人民心目中的地位。

牡丹作为我国的国花当之无愧。首先是象征意义，早有国色天香之说，升华一步是象征了高度发达的物质文明。牡丹乃花中之王，意味着中华复兴，屹立于世界民族之林。再说品格，它的雍容平和与中国政府承诺“永远不称霸”的政策符合。从历史渊源来看，牡丹兴旺于大唐盛世，它花大色美、灿烂辉煌，充分体现了“国运昌，牡丹兴，牡丹发展在盛世，太平盛世喜牡丹”。清朝时曾有一位亲王到极乐寺观赏牡丹，题匾“国花寺”。可见，早在清朝时，牡丹就已被默认为“国花”。在中国民间，历来认定它为富贵吉祥的化身。牡丹无论是从气节、具象、历史，还是从知名度来看，荣登“国花”的宝座都是无可非议的。

瑞士国花——火绒草

瑞士的国花为火绒草，这是一种菊科草本植物。这种花实际是一个头状花序，生于茎顶。整个花序呈白色，是由于花序外的苞叶生满了白色绒毛的缘故。就花序中的小花来说，火绒草实在没什么艳美可言，那么瑞士人民为什么会喜欢它而把它尊奉为国花呢?原来火绒草是高山植物，得来不易。它生在阿尔卑斯山上，沿瑞士和意大利边界的那一段阿尔卑斯山，有几十座4 000米海拔的山峰，火绒草生在这些高山中，要爬很高的山才能看到。这不是一般人能做到的。

瑞士人民喜欢火绒草，一般情况下很难采到，所以得到一棵尤为珍贵。以火绒草为国花，说明一种至高无上的理想。从前瑞士以火绒草送给部队指挥官(授勋)，至今仍将此花作珍贵礼物赠予贵宾。

日本国花——樱花

日本的国花是樱花，在日本，几乎到处都能见到樱花。关于樱花，在日本还有一个美丽的传说。话说古时候，有一位美丽的日本少女，她的心地十分善良。有一年，少女从十一月份开始一直到第二年的六月份，先后走过了日本的冲绳、九州、关西、关东、北海道等地，并一路走一路将樱花的种子撒到各地。此后，日本从南到北都开出了艳丽无比的樱花，美丽极了。为了感谢这位少女，人们将她称为“樱花”，并将樱花定为国花。

如今，在每年樱花盛开的时节，日本人民都会举行各种樱花盛会，这已经成为了一项民间传统。“京城官庶九千九，九千九百人樱流”就描写了东京樱花会的盛况。

为什么日本人民会如此喜爱樱花呢？首先是因为樱花象征着勤劳勇敢，鼓励着日本人民不断勇往直前。其次是樱花带来了明媚的春光。再次，樱花盛开的时间虽然短暂，但却努力地绽放着自己的美丽。所以说，一种花被选为国花，一定是其人民对它有深厚的情节。

印度国花——荷花

荷花(又称莲花)作为印度的国花与其佛教历史有着深厚的渊源。众所周知，印度是佛教的发源地，而佛祖释迦牟尼的座驾就是一尊莲花，佛经中也常常提到荷花，因此，莲花与佛教有着密切的关联。

印度自古就有荷花，古印度人还将荷花当作纯洁的圣物崇拜。在印度，荷花象征着美丽，比如印度古代叙事诗《罗摩衍那》中有一个名叫“罗摩”的英雄，人们就用“蓝莲花眼的罗摩”来形容他。另外，荷花还有吉祥、平安、力量、光明等寓意，可以说，在印度，一切美好的事物都可以用荷花来表示。佛经中有提到这样一个故事，据说从前有一头母鹿，舔了一位仙人的尿后，怀孕生下了一个美丽的女孩。这个女孩长大成人后，美丽无双，凡她走过的地方都会生出荷花来。后来她嫁给乌提延王为妻，人称“莲花夫人”。现在，人们用“步步莲花”这个词来形容女子步态轻盈。

小知识

赏荷时，我们偶尔会看见“并头莲”或“并蒂莲”。两者并不是一回事，不能混为一谈。并头莲是指一个花茎上并肩开出两朵荷花，而不像一般的荷花为一茎一花。并蒂莲是指一朵花中有两个或者更多的花心，即所谓的“多蕊合生”。不论是并头莲还是并蒂莲，二者都是很少见的荷花变异现象。

法国国花——鸢尾花

法国的国花为鸢尾花。鸢尾花花形较大，外形如一只翩翩起舞的飞蝶，美丽奇特。法国人民为何将鸢尾花作为国花呢？据说法兰克王国第一王朝的第一任国王克洛维洗礼时，上帝以鸢尾花作为礼物送给他，为了纪念始祖，法国人民就将鸢尾花作为国花。还有一个解释是，鸢尾花代表了光明和自由，以它作为国花，表明了法兰西民族追求光明和自由的勇气和决心。

另外，因为法国人民培育出了杂交茶香月季，对月季的栽培做出了重要贡献。所以月季也被法国人民当作国花。二战时，还曾培育出花朵较大的“和平月季”，深受人们喜爱。

英国国花——蔷薇花

英国的国花是蔷薇花。从前由于翻译的原因，把蔷薇译为“玫瑰”，其实这是两种截然不同的花。蔷薇在英国有着悠久的历史，英国王室对蔷薇花有着特别的喜爱之情。1272年，英王爱德华一世宣布将蔷薇花作为王室徽章的图案，此后，蔷薇便成为英国王室的标记。

蔷薇在英国有着广泛的群众基础，人们都十分喜欢蔷薇，并不断培育出新的蔷薇品种。英国还有专门的蔷薇研究协会，“朋山蔷薇园”便是这个皇家蔷薇协会的总部所在地。协会现有会员近百万人，由此可见，蔷薇成为英国的国花绝非偶然。

在西方国家，人们会向心仪的对象送上一支红蔷薇，意为“向你求爱”。

比利时国花——虞美人

比利时的国花是以艳丽闻名于世的虞美人，又名“丽春花”，属于罂粟科。娇媚的虞美人即使在众多美丽的花草中仍然显得很突出。虞美人还未绽放时，花蕾垂下，就像一位害羞的姑娘低头不语，但是一旦开放，就会显得光彩照人。

奇怪的是，虞美人一旦开花时，外面两片绿色萼片就会脱落，好像一个美丽的姑娘脱去外衣，露出里面的红装一样。此花常在花坛里成片栽植，极为美丽。比利时人喜欢它这种花形花色。虞美人的原产地就是欧洲。

德国国花——矢车菊

德国的国花是矢车菊。与荷兰一样，德国也是花卉大国，而在众多花卉中，德国人特别偏爱矢车菊。矢车菊的花呈漏斗形，花序中央的花则像个细管子，这种奇特的花形常常吸引人驻足观看。矢车菊颜色鲜艳，有紫、蓝、淡红、白等色。如果群植，开花时就会呈现出一片五彩斑斓的美丽景象。德国人以矢车菊象征德意志民族的坚强乐观和谨慎简朴的精神。

小知识

矢车菊在德国又被叫作“单身汉的扣子”，因为德国人常用矢车菊来卜算爱情的成败。如果看见一个单身汉的衣领前别着一朵矢车菊，说明他有意中人。如果花很快枯萎，则表明他的爱情不能成功。如果花朵保持新鲜，则说明好运很快就会降临到他身上。

荷兰国花——郁金香

荷兰的国花是百合科的郁金香。虽然荷兰以郁金香闻名于世，但却并不是郁金香的原产国。郁金香最开始传入荷兰时，受到了热烈的追捧，一些名品郁金香的身价比黄金都高。如今，郁金香已经深深扎根于荷兰，成为了荷兰花卉产业的领头品种，并被定为国花，可见其仍然在荷兰社会占据着重要的地位。

秘鲁国花——向日葵

秘鲁的国花是向日葵。秘鲁人民喜欢向日葵，因为向日葵的故乡就在秘鲁。历史上秘鲁有一个部落曾经创造了印加文化，建立了印加帝国。所谓“印加”的意思就是“太阳的子孙”。印加人崇拜太阳，年年举行祭太阳的活动，并有“太阳节”，时间是从6月24日起连续9天。因此，秘鲁人民奉向日葵为国花，这与崇拜太阳有关。

向日葵又名“太阳花”。向日葵属菊科，高大草本。我国常种的向日葵就是从南美传入的。

马来西亚国花——扶桑

马来西亚的国花是扶桑，扶桑属于锦葵科木槿属，是一种灌木，叶呈宽卵形，有点像桑叶。花大，鲜红色，艳丽，花形有点像喇叭，从花心伸出花柱，形态奇特。由于开花时，花不仅大而且多，有如一片烈火般的红光，马来西亚人民喜欢这种热情奔放的花，把它比喻为烈焰般的激情，表现了热爱祖国的赤诚之心，因此定扶桑为国花。

扶桑原产于我国，据说马来西亚的扶桑引自我国。

尼泊尔国花——杜鹃花

尼泊尔的国花为杜鹃花，杜鹃花属于杜鹃花科。杜鹃花种类繁多、花色多样、非常美艳，有“木本花卉之王”的说法。尼泊尔是一个山国，在不同海拔的山区，开着各色杜鹃花。尼泊尔人民把杜鹃花作为自己国家美好吉祥的象征，因此选为国花，并把它画在国徽上，画面上还有山谷、流水、野雉和牛，特别是在喜马拉雅山的背景下，漫山的红杜鹃十分好看。

西班牙国花——石榴花

石榴花是西班牙的国花。石榴属于安石榴科，早就经人工栽培，而且分化出以开花为主或以结实为主的不同品种，但不管哪个品种都为人所喜爱。石榴花红艳如火，石榴实大、多子，每粒子外那晶莹如玛瑙的种皮也十分好看。多子有多子多孙、后继有人之意，红花则是吉祥如意的象征。因此西班牙人民选石榴为国花。

石榴原产于东南欧至中亚地区。全世界仅有2种，是从地中海到中亚、喜马拉雅山脉分布的。我国的石榴是外来的，传说于汉代自西域传入。北京人也喜欢石榴。据说老北京人喜欢的有三件东西：花盆、鱼缸、石榴树，它成为京城文化的一个侧面。

菲律宾国花——茉莉花

菲律宾的国花为茉莉花，茉莉花属于木樨科。茉莉花最大特色是香气怡人，因而人人都喜欢它。中国有一首民歌《茉莉花》，歌词中说别的花都香不过茉莉花。另外，茉莉花为白色，一年四季开花，又有“长春花”之名。茉莉花在菲律宾的地方名为“山吉巴达”，意思是男女间表示爱的语言。有一个美丽的传说：一对恋人为了躲避人们的反对，进入了深山，然而姑娘却掉下悬崖遇难了，后来在那一带便生出许多又香又白的花，人们说那是姑娘的化身。茉莉花从此被视为忠于爱情的象征，又被视为高尚情操和深厚友谊的象征。因此菲律宾人民选茉莉花为国花。菲律宾人民还用茉莉花编成花环，用来挂在来访贵宾的脖子上，以表达纯真的友谊。

茉莉花原产于印度、阿拉伯，在我国也有广泛栽培。北京人民喜欢茉莉花，常植为盆景，欣赏那洁白的花，享受那怡人的芳香。

澳大利亚国花——金合欢

澳大利亚的国花是金合欢，属于豆科。它开的花为金黄色，又小又多，犹如一个个金色绒毛球。因为都聚生在枝头，所以格外显眼。这种树只在澳洲多。澳大利亚人把它作为澳洲的象征之一，因此定它为国花。

澳大利亚与其他国家不同，为了首都城市的美观整洁，不让居民在住房四周围建围墙，但可以栽上金合欢作篱，就是树篱笆。像这样城市里的金合欢很多。开花时，它们把首都堪培拉打扮得非常漂亮。